含章 图鉴系列

阅读图文之美 / 优享快乐生活

U0339110

含章·图鉴系列

野菜图鉴

付彦荣　主编

江苏凤凰科学技术出版社 · 南京

图书在版编目（CIP）数据

野菜图鉴 / 付彦荣主编. — 南京 : 江苏凤凰科学
技术出版社, 2017.4（2022.5 重印）
（含章·图鉴系列）
ISBN 978-7-5537-5365-2

Ⅰ. ①野… Ⅱ. ①付… Ⅲ. ①野生植物 – 蔬菜 – 图集
Ⅳ. ①S647-64

中国版本图书馆CIP数据核字(2015)第222597号

含章·图鉴系列
野菜图鉴

主　　　　编	付彦荣
责 任 编 辑	汤景清　倪　敏
责 任 校 对	仲　敏
责 任 监 制	方　晨

出 版 发 行	江苏凤凰科学技术出版社
出版社地址	南京市湖南路 1 号 A 楼，邮编：210009
出版社网址	http://www.pspress.cn
印　　　　刷	文畅阁印刷有限公司

开　　　　本	880 mm × 1 230 mm　1/32
印　　　　张	8
插　　　　页	1
字　　　　数	300 000
版　　　　次	2017年4月第1版
印　　　　次	2022年5月第2次印刷

标 准 书 号	ISBN 978-7-5537-5365-2
定　　　　价	45.00元

图书如有印装质量问题，可随时向我社印务部调换。

前言

　　野菜，就是非人工栽培、自然生长、能够食用的野生植物，它们长期生长繁衍在深山幽谷、茫茫草原、旷野荒地、河畔湖畔以及田埂屋边等适宜其生长的自然环境中，有很强的生命力。野菜制成的佳肴有味美可口、绿色健康以及营养丰富的特点。此外，有些野菜还有药用价值，能够起到辅助治疗疾病的作用，它们是大自然赠予我们的"珍贵礼物"。

　　我国地域辽阔，野生植物资源十分丰富，特别是野生蔬菜品种繁多，广大人民食用野菜的历史悠久，早在3000年前的《诗经》中就有描述人们采摘野菜的诗句。在灾荒之年和革命战争时期，野菜更可为人们解决果腹之需。即使在人工栽培的蔬菜供应充足的时期，在广大的农村、山区，特别是草原、边远地区，野菜仍然是人们的重要佐餐食物。

　　近年来，野菜越来越受人们的重视，主要是由于野菜具有绿色、营养、美容、食疗、健身等功效。其中，"绿色"是指野菜一般自然生长在山野丛林间，呼吸新鲜空气，渴饮天地雨露，汲取自然精华，既不需要农药和化肥，也不需要大棚的庇护，因此，它是无污染的，也是纯天然的；"营养"是指野菜具有极高的营养价值，某些野菜的维生素含量甚至比人工栽培的蔬菜高出数倍，此外，野菜还含有蛋白质、碳水化合物、矿物质以及膳食纤维等；野菜因含抗氧化成分而具有美容价值，不仅可以改善皮肤状况，而且还可以调节内分泌、促进新陈代谢，因此，它既可以直接烹食，又可以制作护肤品，能产生良好的美容效果；一些野菜还具有很好的食疗效果，如果食用得当，可以在一定程度上辅助治疗疾病，例如，荠菜有清肝明目的功效，可辅助治疗肝炎、缓解高血压等，苦菜能清热解毒，可预防贫血及癌症等，野苋菜可明目，能治疗痢疾、眼疾等，蕨菜能利湿养阴，可用于辅助治疗热病等；此外，去山野田间采集野菜也是一种健康的生活方式，许多城里人选择在周末或假期时郊游，他们走入乡野村间，呼吸新鲜空气，并随手采摘野菜，有益于身心健康。

野菜还可以用来调剂口味。食用蔬菜品种的固定不变，容易让人产生厌烦心理，而野菜品种较多，可以作为常见蔬菜的调剂品，以达到丰富餐桌的目的。在许多地方，野菜早已上市出售，在一些宾馆、饭店、酒楼、餐馆中，也被作为特种风味端上了餐桌。野菜早已成为我国重要的出口商品之一，并在经济上获得了较大的效益。因此开发利用野菜，在经济上具有重要的意义。

当然，并不是所有的野菜都具有以上功能，一些野菜如果食用不当，可能还会适得其反，这主要是由于大多数人缺乏接触野菜的机会，因此，野菜知识贫乏。因此，食用野菜、采摘野菜需要注意方式、方法，否则会适得其反，具体需要注意以下几点：

一、吃法不同：不同的野菜需要选择不同的烹调方法，如有些可在采摘后直接食用，有些则需要在焯水甚至晒干后食用。

二、适量食用：野菜多性寒凉，食用过多可能导致脾胃虚寒，有些过敏体质的人还会产生过敏反应，因此，不宜经常食用野菜，且如果发现有过敏现象，应立即停止食用。

三、避免误食：吃野菜最起码要知道所食野菜有毒无毒，不认识的野菜最好不要食用，特别是不认识的菌类，因为许多野生植物有毒，如果误食，会发生中毒现象，轻者呕吐、腹痛、腹泻等，重者可能会危及人的生命。

四、防止污染：采摘野菜时，要注意有些易受污染的野菜不宜采摘，如工厂厂房、臭水沟、马路边以及市内草坪等处的野菜可能含有毒素，不宜采摘。

五、因人而异：对野菜的选择要因人而异，有些野菜本身是药用植物，具有如同中药的药性。人们首先要考虑自身的身体状态，其次才是口味爱好。例如一些苦味野菜，其性凉味苦，有清热解毒的功效，不适合阳虚畏寒的人们食用。

六、正确看待：人们在青睐野菜的同时，要树立正确的"野菜观"。现代人们随着生活水平的提高，厌倦了家常菜，偶尔换换口味、吃吃野菜也无可厚非，但野菜不能代替家种蔬菜。事实上，人们现在所吃的家种蔬菜，很多都是野菜经过人工栽培或是在此基础上培育出来的，营养成分符合科学指标。因此，从食用安全和营养角度而言，野菜无法替代家种蔬菜。

鉴于此，为了让越来越多的人认识到野菜的价值，也为了让野菜爱好者更好地认识野菜、食用野菜，我们编写了本书。

中国的野菜很多，广义上认为，只要是能够食用的野生植物，都可以叫作野菜，但由于书的容量有限，不可能将所有野菜都包括在内，因此，本书主要选取日常生活中较为常见的野菜，以方便读者认识。比如人们常见的马齿苋、蕨菜、蒲公英、大车前、豆瓣菜等，详细介绍它们的名称、别名、特征、功效、习性、分布、饮食宜忌等，使读者能够有针对性地食用。

同时，本书为每种野菜配备高清彩色图片，采取图鉴的方式展现野菜的各部位特征，以方便读者辨认不同野菜。

此外，野菜不同于一般蔬菜，它虽然营养丰富，但需要一定的烹饪方法，如果烹饪方法不正确，不仅会影响口感，还会影响营养成分的吸收。因此，本书根据野菜的不同特性为读者提供相应的食用方法，使读者能够正确食用野菜。另，本书所收录的野菜某些有小毒，请谨慎食用。

总之，本书同时具有实用性和知识性，不仅能指导读者如何采摘和食用野菜，还能为读者科普野菜知识。

阅读导航

每种野菜在通常的名称之外，还有其他名称。

别名： 花花草、三叶草、夜合梅、三夹莲
性味： 性寒，味酸　　**繁殖方式：** 分株、切茎

红花酢浆草

　　多年生直立草本。它的球状鳞茎生长在地下，上面光滑而无毛。叶片基生，密被柔毛，有 3 枚小叶，呈扁圆状倒心形，叶端凹入，叶基呈宽楔形，叶面绿色，叶背浅绿色。聚伞花序，开淡紫色至紫红色花，花瓣 5 枚，呈倒心形。

伞形总状花序，
总花梗长

详细介绍野菜的主治功效、适用病症。

- **功效主治：** 嫩茎叶入药，具有清热解毒、消肿散淤的作用，其含有柠檬酸、苹果酸和大量酒石酸、可促进食欲，维持人体正常的新陈代谢。
- **习性：** 喜温暖、湿润且阳光充足的环境，在低海拔地区广泛存在。

介绍了各种野菜的分布地点，方便读者采摘。

- **分布：** 河北、陕西、华东、华中、华南、四川和云南等地。
- **饮食宜忌：** 适宜痛经、月经不调、白带增多、砂淋、脱肛或痔疮患者。红花酢浆草性寒，孕妇忌服。

复叶，具 3 小叶，
扁圆状倒心形

花瓣 5 枚，淡紫色
或紫红色

食用部位：嫩茎叶 **食法：嫩茎叶用沸水稍稍浸烫下，换清水浸泡，可凉拌、炒食、做汤等**

有些野菜果实可以当作水果食用，嫩茎叶可以当作蔬菜食用，花朵可用来泡茶。

介绍了野菜的基本特征，让读
者更容易辨认出野菜。

别名：冬苋菜、冬寒菜、葵菜
性味：性寒，味甘　　繁殖方式：播种、分株

冬葵

一年生草本，株高约1米，无分枝。茎上
密被柔毛。叶片圆形，叶基心形，叶缘有细锯
齿，叶面、叶背无毛，但有时也被有稀疏的糙
伏毛或星状毛，尤其在叶脉上。开白色至淡紫
色花，单生或簇生，花瓣5枚，上有纵纹。

◎功效主治 嫩茎叶入药，具有清心泻火、
止咳化痰、补中益气、利尿解毒的作用，
其富含纤维素，可促进消化、防止便秘。

◎习性：适应性较强，耐旱，耐寒，也能适应
各种土壤，但最喜沙质土壤。

◎分布：湖北、湖南、贵州、四川、江西等省。

◎饮食宜忌：尤适宜多痰、痰黏稠、肺热咳嗽、
咽喉肿痛或热毒下痢患者。冬葵性寒，脾胃虚
寒或腹泻者忌食，孕妇慎食。

介绍了各种野菜
的生长环境。

说明了饮食的注
意事项，适合食
用的人群，不能
食用的人群。

茎直立，不分枝，
披柔毛

花单生或簇生于叶腋，
花瓣5枚，白色

每种野菜配备高
清晰的彩色图
片，细致描绘各
部位特征。

叶圆形，边缘具锯齿

食用部位：嫩茎叶 ┃ 食法：嫩茎叶择洗干净，入沸水焯烫，捞出漂净，可凉拌或炒食

提供了简单易操
作、营养又美味
的食用方法。

目录

马齿苋

锦葵

薰衣草

芍药

桔梗

野杏

榛

植物的分类系谱

野菜是植物世界的一员，要想了解和辨识野菜就要先了解植物的分类和结构。植物的分类系谱图如下：

门 (Phylum)

整个植物界通常被分为16门。有裸藻门、绿藻门、轮藻门、金藻门、甲藻门、褐藻门、红藻门、蓝藻门、细菌门、粘菌门、真菌门等。

纲 (Class)

纲隶属于门。分为单子叶植物纲、双子叶植物纲。

目 (Order)

目隶属于纲。有泽泻目、水鳖目、槟榔目、天南星目、鸭跖草目、莎草目、姜目、百合目、蔷薇目、石竹目、无患子目、毛茛目、玄参目、鼠李目、胡椒目、樟目等。

科 (Family)

科隶属于目。一个科包含了一个或者几个相近的属。有香蒲科、眼子菜科、茨藻科、冰沼草科、泽泻科、禾本科、雨久花科、薯蓣科、芭蕉科、姜科、兰科、景天科、豆科等。

属 (Genus)

一个属包含了一个或者几个相近的种。有蔷薇属、向日葵属、蓝雪属、栀子属、杜鹃花属、野豌豆属、万寿菊属、曼陀罗属、酢浆草属、兔耳草属、见血封喉属、茶属等。

种 (Species)

每个单位的个体就是一个种，具有相似的形态特征。

亚种 (Subspecies)

有地理分化特征的种群，在分类上与本种中其他亚种有可供区别的形态和生物学特征。

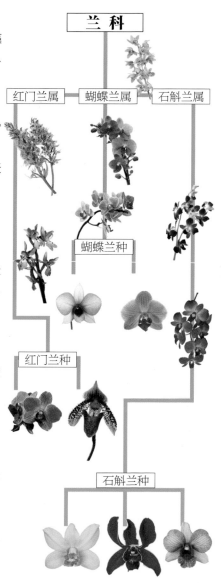

兰科

红门兰属　蝴蝶兰属　石斛兰属

蝴蝶兰种

红门兰种

石斛兰种

植物的结构

一棵完整的植物由以下部分构成：

叶

打碗花

叶是维管植物制造营养物质的重要器官之一，因含叶绿素而呈绿色，但也有少数植物呈其他颜色。叶通常由表皮、叶肉、叶脉组成，每个部分还可以再细分为更小的部分，它们都具有自己的特有功能，各司其职，才能维持植物的正常生长发育。

柳茎

茎

茎是维管植物的重要组成部分，其地上部分主要依托于茎，多呈圆柱形，也有少数呈其他形状，如某些多肉植物呈扁圆形或多角柱形。它具有支撑、贮藏、运输、光合作用以及繁殖等功能，其主要功能是为植物的各部分输送营养物质和水分，犹如人类的血管，此外，它还可以为植物的地上部分提供支撑力量，某些植物还可以光合作用和繁殖后代。

茎通常有分枝，分枝可以增加植物的覆盖面积，使植物能够更好地进行光合作用，也有利于繁殖后代。

薯蓣

根

根是指植物的地下部分，也是植物的重要器官之一。它的主要功能是制造和贮藏营养物质，吸收土壤中的水分及营养物质，一部分通过茎输送到植物的各部分，一部分则贮藏起来。根是植物最早发育的部分，种子萌发后，突破种皮发育成幼根，然后向下垂直生长成主根，主根还会生长出许多支根，称为侧根，此外，还有许多不定根。根部经过多次生长，最后形成整个根系。

花

　　花是被子植物的重要器官之一，具有繁殖功能。它一般通过媒介传播花粉，可分为生物媒介和非生物媒介。花是植物的重要特征之一，植株可根据花朵数，分为单生和簇生，也可根据雌、雄蕊是否在同一植物上，分为"完全花""两性花"和"不完全花""单性花"。雌、雄蕊生长在同一植物上，被称为"完全花"或"两性花"，这种现象也被称为"雌雄同株"；雌、雄蕊生长不同植物上，被称为"不完全花""单性花"，这种现象也被称为"雌雄异株"。

打碗花

种子

　　种子是种子植物的重要繁殖器官之一，由胚珠经传粉受精而成。它通常由种皮、胚和胚乳组成。不同植物的种子相差极大，不仅大小、形状、颜色及亮度不同，而且有些植物的种子上面还长出了毛、翅、芒和刺等。

大车前种子

萝藦的果

酸浆的果

果实

　　果实是指被子植物在传粉受精后，由雌蕊或在花托、花萼等部分参与下形成的器官，由果皮和种子构成，包含一个或多个种子。它可分为三类，即单果、聚合果和聚花果；单果是由一朵花中的单个雌蕊子房形成，如毛桃、欧李等；聚合果是由一朵花中的数个离生雌蕊子房及花托共同形成，如蛇莓等；聚花果，又叫复果，是由许多花的子房或在其他器官的参与下形成，如无花果等。

毛桃

野菜的叶子类型

　　叶序、叶片大小和形状等都是鉴别植物的关键特征，当一种植物花的特征不明显的时候，叶的特征就会显得尤为重要。植物叶子的形状大致有三角形、倒卵形、匙形、琵琶形、倒披针形、长椭圆形、心形、倒心形、线型、镰形、卵形、披针形、倒向羽裂形、戟形、肾形、圆形、箭头形、椭圆形、卵圆形、针形等。

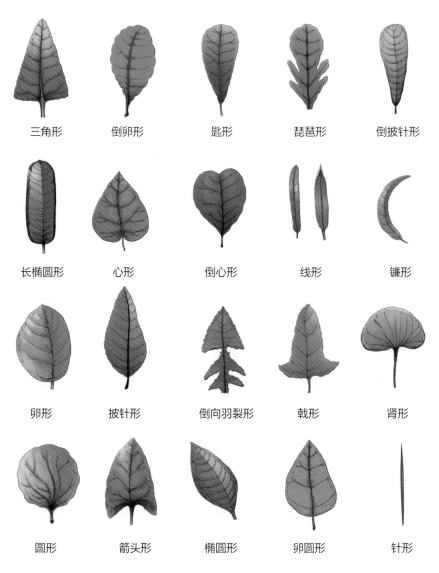

| 三角形 | 倒卵形 | 匙形 | 琵琶形 | 倒披针形 |

| 长椭圆形 | 心形 | 倒心形 | 线形 | 镰形 |

| 卵形 | 披针形 | 倒向羽裂形 | 戟形 | 肾形 |

| 圆形 | 箭头形 | 椭圆形 | 卵圆形 | 针形 |

单叶——每个叶柄上只长有一个叶片。

叶片是叶的主体部分，通常为一个很薄的扁平体。

托叶是叶柄基部，两侧或腋部所着生的细小绿色或膜质片状物。

叶柄是叶片与茎的联系部分，其上端与叶片相连，下端着生在茎上，通常叶柄位于叶片的基部。

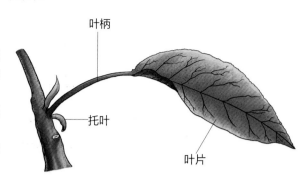

复叶——每个叶柄上长有许多的小叶，包括很多种类。

三回羽状复叶	二回羽状复叶	掌状复叶	单身复叶
掌状三出复叶	羽状三出复叶	奇数羽状复叶	偶数羽状复叶

叶序是叶在茎上排列的方式，它的类型包括轮生、基生、对生、簇生、互生。

轮生	基生	对生	簇生	互生

叶缘是叶片的边缘。常见的类型有：

全缘

周边平滑或近于平滑的叶子，如女贞、樟、紫荆、海桐等植物的叶。

细锯齿缘

周边锯齿状，齿尖两边不等，通常向一侧倾斜，齿尖细锐的叶缘，如茜草、墨头菜等。

齿缘

周边齿状，齿尖两边相等，而较粗大的叶缘，如红罂粟、苦菜等。

重锯齿缘

周边锯齿状，齿尖两边不等，通常向一侧倾斜，齿尖两边亦呈锯齿状的叶缘，如刺儿菜等。

圆锯齿缘

周边有向外突出的圆弧形的缺刻，两弧线相连处形成一内凹尖角，如紫背草等。

羽状深裂

叶片具羽状脉，裂片深度超过 1/2，但叶片并不因为缺刻而间断，如抱茎苦荬菜、昭和草等。

羽状浅裂

叶片具羽状脉，裂片在中脉两侧像羽毛状分裂，裂片的深度不超过 1/2，如辽东栎等。

羽状全裂

叶片具羽状脉，裂片深达中央，造成叶片间断，裂片之间彼此分开，如鱼尾葵、鬼针草等。

浅波状齿缘

周边稍显凸凹而程波纹状的叶子，如弯花筋骨草、肉穗草、金丝木通等。

睫状缘

周边齿状，有齿尖两边相等而极细锐的叶缘，如石竹等。

野菜的花

花的构造

花朵是种子植物的有性繁殖器官，可以为植物繁殖后代。它的各部分轮生于花托之上，四个主要部分从外到内依次是花萼、花冠、雄蕊群、雌蕊群。

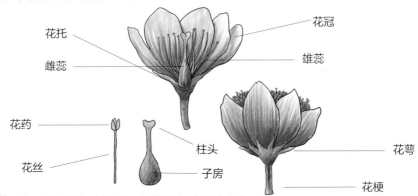

花托　雌蕊　花药　花丝　柱头　子房　花冠　雄蕊　花萼　花梗

花萼：位于最外层的一轮萼片，呈花瓣状，通常为绿色。

花冠：位于花萼的内轮，由花瓣组成，较为薄软，常有颜色以吸引昆虫帮助授粉。

雄蕊群：花内雄蕊的总称。花药着生于花丝顶部，是形成花粉的地方。花粉中含有雄配子。

雌蕊群：一朵花内雌蕊的总称，可由一个或多个雌蕊组成。组成雌蕊的繁殖器官称为心皮，包含有子房，而子房室内有胚珠（内含雌配子）。

花的形状

花的形状千姿百态，一般按它的对称情况可分为两类：一类是辐射对称花或整齐花，这种类型的花，不管从任何角度都能沿着中央轴线，将其分为相等的两半，如月季、桃花等；另一类是左右对称花或不整齐花，这种类型的花，只能从一个角度沿中央轴线，将其分为相等的两半，如金鱼草、兰花等。其中，常见的花形如右侧图示：

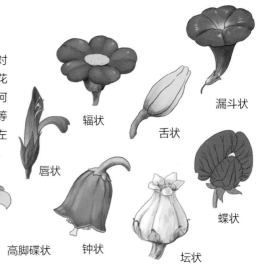

辐状　漏斗状　舌状　唇状　蝶状　高脚碟状　钟状　坛状

花序

花序是花梗上的一群或一丛花，依固定的方式排列，是植物的固定特征之一，花序可以分为无限花序和有限花序。常见的花序类型有以下 8 种。

1. 总状花序

花轴单一，较长，自下而上依次着生有柄的小花，各花的花柄长短大致相等，由下而上开花，如荠菜、油菜的花序。

2. 穗状花序

花轴较长，直立，其上着生许多无柄两性小花。禾本科、莎草科、苋科和蓼种中许多植物都具有穗状花序。

3. 柔荑花序

花轴较软，下垂，其上着生多数无柄或具短柄的单性花（雄花或雌花），花无花被或有花被，花序柔韧，下垂或直立，开花后常整个花序一起脱落，如桑、杨等。

4. 伞房花序

也称平顶总状花序，是变形的总状花序，不同于总状花序之处在于，花序上各花花柄的长短不一。花位于一近似平面上，如麻叶绣球、山楂等。

5. 头状花序

花轴极度缩短而膨大，扁形，铺展，各苞片叶常集成总苞，花无梗，多数花集生于一花托上，形成状如头的花序，如菊、蒲公英、向日葵等的花序。

6. 圆锥花序

花轴有分枝，每一小枝自成一总状花序，整个花序由许多小的总状花序组成，故又称复总状花序，如丁香、稻、南天竺等的花序。

7. 伞形花序

花轴缩短，大多数花着生在花轴的顶端。每朵花有近于等长的花柄，从一个花序梗顶部伸出多个花梗近等长的花，整个花序形如伞，称伞形花序，如报春、点地梅。

8. 二歧聚伞花序

主轴上端节上具二侧轴，所分出侧轴又继续同时向两侧分出二侧轴的花序，如大叶黄杨、卫矛等卫矛科植物的花序，以及石竹、卷耳、繁缕等的花序。

野菜的果实

果实成熟的时候，果汁通常都很充足，但也有一些果实的果皮革质或木质，它们相对较干燥。裂果成熟的时候会自行裂开，释放出种子，而闭果则不开裂。野菜的果实，一般有以下几种类型。

坚果

闭果的一个分类，果皮坚硬，木质化，内含 1 粒种子，与果皮分离，如板栗等的果实。许多树都会形成坚果，也有一些植物会形成小型坚果。

瘦果

果皮坚硬，革质或木质，不开裂，其内有一粒种子，由 1~3 心皮构成的小型闭果。如白头翁 1 心皮，向日葵 2 心皮。许多瘦果都有延伸物，有利于种子的传播。

蒴果

由合生心皮的复雌蕊发育成的果实，内含许多种子，成熟后裂开，蒴果以多种裂开方式释放种子。蒴果是被子植物常见的果实类型，包括罂粟科在内的许多植物的果实。

荚果

由单心皮发育而成的果实，成熟后，果实沿背缝（心皮中肋）和腹缝线（心皮边缘）开裂成两片果皮，将一粒或多粒种子散布于外。荚果是豆科植物特有的一种干果，如大豆、豌豆、蚕豆等。

蓇葖果

由离心皮的单蕊发育而成的果实，果形多样，皮较厚，单室，内含种子一粒或多粒，成熟时果实仅沿一个缝线裂开。长春花科的植物具有典型的蓇葖果，毛茛科的植物也会形成蓇葖果。

核果

由一个心皮发育而成的肉质果，一般内果皮木质化形成核，如毛桃、欧李、野杏、橄榄等。核果的特征跟浆果很相似，但是核果的果皮比较硬。

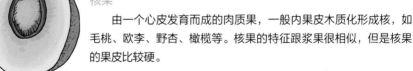

聚合果

也称花序果、复果，是指一朵花的许多离生单雌蕊聚集剩余花托，并与花托共同发育的果实，单一果实由两个或多个心皮及茎轴发育而成。如凤梨、无花果、桑葚等。

浆果

一种多汁肉质单果，由一个或几个心皮形成，含一粒至多粒种子。如香蕉、番茄、酸果蔓。鲜美的果肉吸引动物来采食，有助于种子的传播。很多植物都可以形成浆果。

野菜的种子

野菜的种子由种皮、胚和胚乳3个部分组成。种皮是种子的"铠甲"，起着保护种子的作用。胚是种子最重要的部分，可以发育成植物的根、茎和叶。胚乳是种子集中养料的地方，不同植物的胚乳中所含养分各不相同。

有胚乳种子

由种皮、胚和胚乳组成。双子叶植物中的蓖麻、番茄等植物的种子和单子叶植物中的小麦、水稻、玉米和洋葱等植物的种子，都属于这个类型。

蓖麻种子

野大豆

无胚乳种子

由种皮和胚组成，缺乏胚乳。双子叶植物如大豆、花生、蚕豆、油菜，以及瓜类的种子和单子叶植物的慈姑、泽泻等的种子，都属于这一类型。

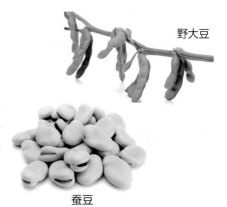
蚕豆

野菜的营养价值

在我国，野菜产量大、分布范围广，很适合被端上餐桌。它的营养价值很高，含有水分、蛋白质、粗纤维、糖类、钙、磷、铁、胡萝卜素以及各种维生素等，有些营养素的含量甚至比某些粮食作物还要高，如紫苜蓿的某些氨基酸含量高于稻米、小麦，现在已经有越来越多的人喜欢食用野菜。

野菜营养丰富，不仅可以满足人体的某种营养需求，还可以促进其他营养素的消化吸收。如有些野菜虽然蛋白质含量较少，但氨基酸含量却很丰富，如果与主食搭配食用，可以促进蛋白质的吸收。此外，多数野菜含有丰富的维生素，尤其是维生素C，如每100克酢浆草中，就含有127毫克维生素C，远远超过一般的栽培蔬菜。

野菜中的矿物质含量很丰富，含有钙、磷、镁、钾、钠、铁、锌、铜、锰等多种元素。食用野菜不会因过量摄入某种元素而影响新陈代谢，因为野菜中的矿物质含量比例正好与人体所需要的比例相符合，从而可以促进人体的健康生长，尤其在缺乏人工栽培蔬菜的地方则更需要重视野菜。

野菜中还含有优质的植物纤维素，是膳食纤维的来源之一。它能刺激肠胃蠕动，促进消化液分泌，虽然不能被消化吸收，但却有利于人体的新陈代谢，对维持人体机能的正常运转有不可替代的作用。

野菜不仅味道鲜美，而且还具有极高的药用价值，可以起到防病、治病的作用。如荠菜具有清热利水、清肝明目等作用，可用来治疗痢疾、水肿等；蒲公英具有清热解毒等作用，可用来治疗感冒发热、身体炎症等；马齿苋是一种重要的中药材，它的地上部分可在洗净、晒干后入药，具有清热利湿、消炎止痛等作用，可用来治疗毒疮、便血等；苦菜也具有清热解毒的作用，对治疗糖尿病有明显的效果；灰菜可入药，具有解毒祛湿的作用，可以治疗痢疾腹泻等；野苋菜也可作中药，整株植物皆可入药，具有清热利湿的作用，可用来治疗痢疾、肠炎等；蕨菜具有清热利湿等作用，可用来治疗痢疾腹泻、小便不利等。

此外，野菜因含各种抗氧化成分而具有美容养颜的作用，不仅可以通过食用，达到养肾补身、调理身体的目的，而且它的提取物还可以用来制作化妆品，具有滋润肌肤、防止皮肤干燥的作用。

锦葵

野菜的食用

食法

野菜的食用方法有很多，但只有用合适的方法，才能保证野菜的鲜美口感，下面就介绍几种常见的野菜食用方法。

凉拌

多数野菜口感苦涩，甚至有异味，因此，需要先焯水、浸泡，去除苦涩感和异味后，再根据个人口味放入盐、糖、醋等调味品凉拌食用，凉拌不仅可以保持野菜的清脆口感，还可以尽最大可能保留野菜中的营养素。

煲汤

野菜可用来煲汤，增加汤的鲜美感。先在炒锅中倒入少许食用油，烧热后放入葱、蒜，出香味后，再加入适量水（也可放入少量虾皮等），煮沸后，倒入野菜，再煮2~3分钟后即可出锅。此外，还可作其他汤品的配料，如野菜肉片汤、野菜豆腐汤等，只需在主料煮好前2~3分钟加入即可。

做馅

野菜可用来作饺子、包子、馅饼等的馅料，把野菜切碎后，加入各种配料和调味料即可，还可以蒸食，即把野菜和干面粉拌匀，加入调味料直接放锅上蒸即可，如蒸荠菜、蒸槐花等。

炒食

野菜可炒食，但为了防止野菜中的维生素遭到破坏，一定要急火快炒。野菜如果与其他配料一起炒，则可采取"双炒法"，即先炒配料，起锅后再炒野菜，最后把配料回锅炒匀即可，这样不仅可以较大程度地保留原料的营养成分，还可以使菜品色、香、味俱全。

制干菜

由于蕨菜、海带、黄花菜、马齿苋等野菜的采摘时间较短，为了便于保存，可制成干菜，只需清洗、焯水、浸泡、晒干即可。

八个注意事项

不认识的野菜不要吃

　　野菜在采摘、食用前，要确定它是否有毒，如果不认识或不能确定是否有毒，最好不要食用，尤其是菌类，如果误食，轻者会出现呕吐、腹泻等症状，重者还可能会危及人的生命安全。

久放的野菜不能吃

　　存放时间较长的野菜不宜食用，因为不仅不新鲜、味道差，而且营养价值降低，甚至有毒成分还会增加。

受污染的野菜不要吃

　　厂矿旁、污水边、公路边、垃圾堆附近等生长的野菜均不宜食用，因为它可能会含有有毒重金属和有毒化学成分。

野菜不可多吃

　　野菜的确是天然食物，营养丰富而且别有风味，但也不可贪食。因多数野菜性凉寒，过量进食野菜，易造成脾胃虚寒等病。

　　野菜虽然营养丰富，但不宜多食，因为多数野菜性寒凉，如果多食易造成脾胃虚寒，此外，还有一些野菜具有轻微的毒性，如果多食会危害身体健康。

红花酢浆草

脾胃虚寒者慎食

多数野菜性寒凉，具有清热解毒的功效，因此，脾胃虚寒的人应慎食，否则易损伤脾胃。

薄荷

体质过敏者不宜食用

野菜不是我们平时经常食用的蔬菜，因此，易过敏体质者应慎食。第一次食用野菜时，应先试吃少量，如果食后，出现皮肤瘙痒、皮疹、浮肿等过敏现象或轻微中毒现象，应立即停止食用，同时为了避免损害人体的肝、肾功能，还应到医院就医。

选择野菜要因人而异

人们要根据自己的身体状况选择合适的野菜食用，因为有些野菜本身就是一种中药材，如果食用不当，可能会产生副作用。

野菜不能代替常见蔬菜

现在人们生活水平提高了，厌倦了家常菜，偶尔会吃些野菜、尝个新鲜，但野菜不能代替常见蔬菜。因为常见蔬菜大多数都是野菜经过长期的人工栽培而来的，更适合人类的体质，且营养成分也有科学指标，口味更好。

龙牙楤木

野菜的采摘

野菜的采摘季节

俗话说："当季是菜，过季是草。"野菜的采摘具有极强的季节性，野菜成熟度的确定和采收操作是否恰当，直接影响野菜的产量、质量，一般可根据野菜的品种、特性、生长情况以及当地气候条件等，确定野菜的采摘季节。在长期的劳动实践中，人们总结了一些常见野菜的采摘时间，如北方常见的榆钱一般在4月上旬采摘；椒木主要食用它的嫩芽，因此，应在叶片展开前采摘；刺槐花则通常在花开前采收，如果时间不对，既影响味道，又影响产量。

采摘中的注意事项

1. 要采摘无污染的野菜。一般化工厂旁、喷洒过农药的田地里以及马路边等易污染的地方不适宜采摘野菜。

2. 应从野菜的根部剪下或掐下，然后在地上擦一下野菜底部的缺口，既可以防止水分流失，又可以防止发生化学反应。

3. 采摘后的野菜不能长时间拿在手中，应放在垫有青草的筐中，且不能按压，否则会造成枯萎或发生变形，从而影响营养成分的保存。

4. 野菜应分类存放，或捆扎，或用纸卷。采摘后的野菜为防止因老化变质而降低营养，应及时加工，一般洗净后，先用沸水焯一下，然后放入加有盐水的塑料袋中，排气扎紧后，放入冰箱冷藏即可。

野菜采摘技巧

地下根茎类野菜需要用锹、锄、犁等挖掘工具将其可食用部分挖出,注意为了避免伤害根部,一定要深挖,如睡莲、板蓝根、山葵、野胡萝卜、甘露子、地黄、桔梗等。

不同的野菜有不同的采摘方法,多数野菜则需要用手触摸确定老嫩。全草食用型野菜,一般从基部向上在易折处折断,如鬼针草、碎米荠、诸葛菜等。嫩茎叶类野菜,野菜品种不同,采摘方法也略有不同,如歪头菜常从茎的弯曲处折断,而楤木则从嫩芽基部折断。嫩叶类野菜一般从叶柄处折断,如木防己等。嫩叶柄类野菜通常从下往上在易折处折断,同时为了避免汁液流失而杜绝其接触土壤,如蕨菜等。花类野菜需在花朵含苞未放时采收,如月季、黄花菜、槐花等。野菜在采收后,为了防止枯萎,还应将其放入塑料袋中保存。

有些野菜进化出了螫毛或针刺,为了避免被刺伤,采摘时应戴上手套等防护工具。

如何识别野菜

识别野菜对于能否正确采摘野菜至关重要,可根据植物学的相关知识以及在山区生活的人的实践经验,掌握野菜的一些共同特点,避免采错、误食,从而导致中毒,一般通过看、摸、嗅、尝的方法辨别野菜。

豆瓣菜

看——仔细观察植物的特征,掌握其明显特征。

摸——用手触摸植物的茎叶,观察它的特征及变化。

嗅——有些野菜气味独特,可通过嗅闻来辨认。

尝——野菜的味道、口感等各不相同,可通过口尝来辨认。

第一章
茎叶类野菜

茎叶类野菜的采集多集中在植物的生长季节，
春季是采集茎叶类野菜的最佳季节，
尤其是一些食用嫩叶的木本植物，如香椿。
有的植物在整个生长期都不断地萌发新叶，
所以采集期较长，如大果榕、树头菜等。
茎叶类野菜，有的种类可直接烹调食用，
有的则需要在沸水中煮 1~3 分钟，
以去除苦味和涩味，然后进行烹制。

别名：蓬苋四、千瓣苋、长寿菜、马齿菜
性味：性寒，味酸　繁殖方式：播种、扦插

马齿苋

　　一年生草本，株高 10~30 厘米，分枝较多。茎为圆柱形，阳面为淡褐红色。叶片肥厚而无毛，互生或近对生，呈倒卵形、长圆形和匙形，叶端圆钝，叶柄较短。枝端开有黄色小花，花瓣 5 枚，呈倒卵形。

⊙ 功效主治：嫩茎叶入药，具有清热解毒、利水祛湿的作用，其含有大量钾盐，可降低血压。

⊙ 习性：喜温暖、干燥且光照充足的环境，忌寒冷、潮湿且阴暗的环境。

⊙ 分布：华南、华东、华北、东北、中南、西南、西北较多种植。

⊙ 饮食宜忌：孕妇、习惯性流产者、脾胃虚弱者、受凉引起腹泻者或大便泄泻者忌食。

茎圆柱形，向阳面带淡褐红色

叶互生或近对生，倒卵形，似马齿状

花瓣 5，黄色

食用部位：嫩茎叶　食法：可凉拌或作馅料，也可在洗净、焯水、晒干后贮藏

別名：拳头菜、龙头菜、鹿蕨菜
性味：性寒，味甘、微苦　　繁殖方式：孢子、分株

蕨菜

多年生草本，株高约1米。根茎斜生长，且密被浅棕色至棕色的短鳞毛。叶片从地下茎长出，呈羽状，并向内卷曲；幼嫩的叶柄长有细茸毛，后慢慢消失。

○ 功效主治：嫩叶、芽入药，其含有膳食纤维，可促进胃肠蠕动。

○ 习性：喜光照充足的环境，多生长在土壤湿润、肥沃且土层较深的向阳处。

○ 分布：河北、辽宁、内蒙古、吉林、黑龙江、贵州、湖南、山东、广西、甘肃等地。

○ 饮食宜忌：脾胃虚寒者忌食，素食、久食能伤人阳气。

叶羽状分枝，叶缘向内卷曲

根茎斜生，稍有棱线

食用部位：嫩叶芽 ｜ 食法：可直接作蔬菜食用，也可焯水、晒干制成干菜

別名：黄瓜香、野鸡膀子　　性味：性凉，味苦　　繁殖方式：孢子、分株

荚果蕨

多年生草本，株高达1米，直立生长。从根状茎至叶柄基部都被有针形鳞片。它有杯状的二型叶；不育叶先直立向上生长，然后展开呈鸟巢状；可育叶一般长自叶丛，呈羽片荚果状，叶柄长而粗硬。

○ 功效主治：嫩叶入药，具有清热凉血、益气安神的作用，可缓解风热感冒、蛔虫病等症。

○ 习性：喜凉爽、湿润且半阴的环境，忌阳光直射；适宜疏松肥沃的微酸性土壤。

○ 分布：东北地区。

○ 饮食宜忌：阴虚内热或脾胃虚寒者不宜，孕妇慎用。

叶簇生，二型叶，鸟巢状或羽片荚果状

根状茎直立，密披针形鳞片

食用部位：嫩叶 ｜ 食法：幼叶洗净后入沸水中焯一下，可盐渍、速冻保鲜，凉拌、炒食均可

別名：旱苗蓼
性味：性温，味辛　　繁殖方式：播种

酸模叶蓼

一年生草本，株高达 1 米，直立生长，具分枝。茎中空，外无毛。单叶互生；上部叶片较窄，呈披针形，叶柄也较短；下部叶片呈卵形，叶基为箭形或近戟形，叶缘有时为波状。圆锥花序，簇生。

花序狭圆锥状，粉红色或白色

茎直立，上部分枝，粉红色，节部膨大

◐ 功效主治：全草入药，具有利湿解毒、散淤消肿、消炎止痛、止吐止痒的作用。

◐ 习性：生于路旁湿地和沟边。

◐ 分布：黑龙江、辽宁、河北、山西、山东、安徽、湖北、广东等地。

◐ 饮食宜忌：一般人群均可食用，孕妇慎食。

食用部位：嫩叶　食法：去杂洗净，入沸水中焯烫，捞出洗净后凉拌或炒食均可

別名：黄瓜菜、山芥菜、山菘菠、山根龙　　性味：性平，味甘　　繁殖方式：播种

灰绿藜

一年生草本。叶片呈披针形至宽披针形，叶面光滑，此外，还具有叶柄和筒状的托叶鞘。顶生或腋生穗状花序，数个穗状花序又排列成圆锥状。一年可多次开花结实，一般 4~5 月出苗，7~9 月开花结果。

叶互生，披针形至宽披针形

花序穗状或圆锥状，顶生或腋生

◐ 功效主治：嫩叶入药，具有清热利湿、杀虫的作用，捣烂外敷可缓解毒虫咬伤、白癜风。

◐ 习性：多生长在田间、路边、荒地、宅边。

◐ 分布：东北、华北、西北、浙江、湖南等地。

◐ 饮食宜忌：若有食用后皮肤部分发生浮肿等症，头痛、疲乏无力、胸闷及食欲不振等轻微症状时，应立刻停止进食并去医院诊治。

食用部位：嫩叶　食法：幼叶洗净后在沸水中焯一下，可盐渍、速冻保鲜，凉拌、炒食均可

別名：山菠菜、野菠菜、酸溜溜、牛舌头棵
性味：性寒，味酸　　繁殖方式：播种

酸模

多年生草本。茎直立，高 15~80 厘米，细弱，不分枝。单叶互生，椭圆形或披针状长圆形，先端急尖或圆钝，基部箭形，全缘或微波状。圆锥花序顶生，分枝疏而纤细，花簇间断着生，每一簇花有花数朵，花淡紫红色。

- 功效主治：嫩茎叶入药，具有清热凉血、利尿、杀虫的作用。
- 习性：生于山坡、路边或沟谷溪边湿处。
- 分布：全国各地均有。
- 饮食宜忌：适宜出血、咯血、便秘患者食用。

圆锥花序顶生，分枝疏而纤细，淡紫红色

茎直立，细弱，不分枝

单叶互生，椭圆形或披针状长圆形，质薄

| 食用部位：嫩茎叶 | 食法：入沸水焯烫，捞出切段，加入盐、味精、酱油、白糖、香油拌匀 |

别名：地麦、落帚、扫帚苗、扫帚菜　　性味：性寒，味辛、苦　　繁殖方式：播种

地肤

一年生草本，丛生，分枝较多，株高50~100 厘米。茎密被短柔毛，基部则出现半木质化现象。单叶互生，呈线形或条形。

- 功效主治：嫩茎叶入药，具有清热利湿、祛风止痒、利尿明目的作用。
- 习性：喜温暖且阳光充足的环境，忌寒冷，能耐盐碱，多长于路边、田边及荒野。
- 分布：我国大部分地区均有。
- 饮食宜忌：适宜尿路结石、阴囊湿疹等症患者食用。

单叶互生，线形或条形

茎分枝多而细，具短柔毛

| 食用部位：幼苗及嫩茎叶 | 食法：嫩茎叶可炒食或做馅、蒸、凉拌等，也可烫后晒成干菜贮备 |

别名：人情菜、刺苋菜、野苋菜、茵茵菜
性味：性凉，味甘　　繁殖方式：播种

反枝苋

　　一年生草本，高 20~80 厘米，直立生长。茎粗壮，上有钝棱，且被短柔毛，淡绿色，有时也有紫色条纹。叶片呈菱状卵形或椭圆形，叶端较尖，叶基呈楔形，叶缘则为波状，叶面、叶背均密生柔毛。顶生或腋生圆锥花序，开紫色花。

⊙ **功效主治：** 嫩茎叶入药，具有收敛消肿、解毒治痢、抗炎止血、清热明目的作用，其含有丰富的钙、铁和多种氨基酸，对人体健康有益。

⊙ **习性：** 喜温暖、湿润的环境，但也能耐干旱，较为常见。

⊙ **分布：** 黑龙江、吉林、辽宁、内蒙古、河北、北京、山东、山西、河南、陕西、甘肃、宁夏、青海、新疆、湖北、湖南、安徽、江苏等地。

⊙ **饮食宜忌：** 反枝苋有营养，且药用价值高，但因其性寒凉，故脾虚便溏者慎用，且不宜与鳖同食。

圆锥花絮顶生或腋生，直立，紫色

叶片菱状卵形或椭圆状卵形，有柔毛

茎直立，淡绿色

食用部位：嫩茎叶　**食法：**采摘嫩茎叶，放入沸水焯后捞出，可凉拌、热炒、制馅、做汤等

別名：草蒿、姜蒿、昆仑草、野鸡冠
性味：性微寒，味甘、微苦　　繁殖方式：播种

青葙

　　一年生草本，高 30~90 厘米，直立生长。茎为绿色或红色。顶生穗状花序，开花较密，由淡红色变为银白色。

◎ **功效主治**：嫩茎叶入药，具有除五脏邪气、心经火热的作用，其富含蛋白质、脂肪及钙，可益脑髓、明耳目、降血脂。

◎ **习性**：喜干燥且阳光充足的环境，一般生长在土壤较干燥的向阳处。

◎ **分布**：陕西、江苏、安徽、上海、浙江、江西、福建、台湾、湖北、湖南、海南、广东、广西、四川、云南、西藏。

◎ **饮食宜忌**：瞳子散大者忌服。

穗状花序单生茎顶，圆柱形或圆锥形

花多数，密生，淡红色至银白色

食用部位：嫩茎叶 ｜ **食法**：采摘嫩茎叶经焯水、洗净后，凉拌、炒食或煲汤等

別名：鹅儿肠、鹅肠菜、抽筋草、伸筋藤　　性味：性平，味甘、淡　　繁殖方式：种子

牛繁缕

　　二年生或多年生草本。叶片呈卵形或宽卵形，叶端渐尖，叶基呈心形，叶缘波状；叶柄只有下部才有，而上部叶则没有。开白色花，花瓣有 5 枚，花序上还有白色短软毛。蒴果卵形。

◎ **功效主治**：嫩茎叶入药，具有清热通淋、活血凉血、消肿止痛的作用，其富含蛋白质、膳食纤维、胡萝卜素、维生素等，可提高人体免疫能力。

◎ **习性**：喜潮湿环境。

◎ **分布**：全国各地均有。

◎ **饮食宜忌**：脾胃虚寒者慎食。

花瓣 5 枚，白色

叶卵形或宽卵形，顶端尖，基部心形

蒴果卵形

食用部位：幼苗及嫩茎叶 ｜ **食法**：嫩茎叶能适应凉拌、炒食、蒸食以及馅料等各种做法

别名：苋苋菜、簕苋菜、野苋菜、土苋菜

性味：性凉，味甘　　繁殖方式：播种

刺苋

　　一年生草本，株高 30~100 厘米。茎呈圆柱形，棕红色或棕绿色。叶片呈菱状卵形或披针形，叶端圆钝且微凸，叶基则呈楔形，嫩叶叶脉附近稍有柔毛，但长大后会消失。腋生或顶生圆锥花序。

⊙ **功效主治**：嫩茎叶入药，具有解毒消肿、清肝明目、散风止痒、利尿止痛的作用，可缓解痢疾、痔疮、便血、咽喉肿痛等症。

⊙ **习性**：喜生长在干燥荒地。

⊙ **分布**：河北、山西、陕西、山东、江苏、安徽、上海、浙江、江西、福建、台湾、河南、湖北、湖南、海南、广东、广西、重庆、四川、云南等地。

⊙ **饮食宜忌**：本品不宜大量、过量食用。月经期或孕期者，或虚痢日久者忌服。

叶片菱状卵形或卵状披针形，顶端圆钝，基部楔形

茎圆柱形，多分枝，棕红色或棕绿色

圆锥花序顶生或腋生，淡绿色

食用部位：嫩茎叶　**食法**：嫩茎叶入沸水焯烫，捞出洗净，炒食或凉拌、做汤、做馅均可

別名：二月蓝、菜子花
性味：性平，味甘、辛　　繁殖方式：播种

诸葛菜

一年生或二年生草本，株高 10~50 厘米。顶生总状花序，开蓝紫色花，花瓣有 4 枚，上有细脉纹，雄蕊 6 枚，花萼则呈细长筒状。果实为长角果。

○ 功效主治：嫩茎叶入药，具有清热解毒、消肿散结的作用，可缓解感冒发热、咽喉肿痛、尿路感染等症。

○ 习性：对土壤、光照等要求较低，耐寒、耐旱，也耐阴，平原、山地等均能生长。

○ 分布：东北、华北地区。

○ 饮食宜忌：孕妇慎用。

总状花序顶生，花瓣 4 枚，蓝紫色或淡红色

食用部位：嫩茎叶　食法：采摘嫩茎叶后只需用开水焯一下，去掉苦味即可炒食或凉拌

別名：伏委陵菜、仰卧委陵菜、老鸦金　　性味：性寒，味苦　　繁殖方式：播种

朝天委陵菜

一年生或二年生草本。主根细长，侧根稀疏。叶片呈长圆形或倒卵状长圆形，叶面、叶背皆为绿色，有时上面还被有稀疏的柔毛。开黄色花，花瓣呈倒卵形，萼片则呈三角卵形或椭圆披针形。

○ 功效主治：嫩茎叶入药，具有清热解毒、凉血止痢的作用，可缓解感冒发热、热毒泻痢、血热、蛇虫咬伤等症。

○ 习性：喜湿润的环境，一般生长在沟渠边、沙滩上等。

○ 分布：东北、华北、西南、西北、华中地区。

○ 饮食宜忌：阳虚有寒或脾胃虚寒者少用。

花单生，花瓣 5 枚，倒卵形，黄色

茎平铺或斜升，疏生柔毛

叶基生，小叶长卵形或倒卵状长圆形

食用部位：嫩茎叶　食法：嫩茎叶入沸水焯烫，捞出炒食；块根可煮粥，也可酿酒、药用

别名：水芥、水芥菜、西洋菜
性味：性寒，味甘、微苦　　繁殖方式：播种

豆瓣菜

单数羽状复叶，
小叶宽卵形、长
圆形或近圆形

　　多年生水生草本，株高20~40厘米，分枝较多。茎上有时会生不定根。叶片呈宽卵形、长圆形或近圆形，为单数羽状复叶。顶生总状花序，开白色花，花瓣呈倒卵形或宽卵形。

🔘 功效主治：嫩叶入药，具有清心润肺、调理经血的作用，可改善女子痛经、月经量少等问题。

🔘 习性：喜凉爽、湿润的环境，忌高温，一般生长在水边、河边或沼泽地等近水处。

🔘 分布：广东、广西、福建、台湾、上海、四川、云南等地都有栽培。

🔘 饮食宜忌：脾胃虚寒、肺气虚寒、大便溏泄者，孕妇或寒性咳嗽者均不宜食。

总状花序顶生，
花多数，白色

茎多分枝，
中空，无毛

食用部位：嫩叶 **食法：去杂洗净，入沸水中焯烫，捞出洗净后凉拌或炒食均可**

别名：接骨草、莲台夏枯、毛叶夏枯　　性味：性平，味辛、苦　　繁殖方式：播种

宝盖草

　　一年生或二年生草本，株高10~30厘米。茎呈四棱形，内部中空。叶片呈圆形或肾形，叶端圆钝，叶缘有圆形深齿，叶面、叶背均有稀疏的糙伏毛；叶片上部为暗橄榄绿色，下部颜色则稍浅。腋生伞状花序，具缘毛，开紫红色或粉红色花。

轮伞花序腋生，
紫红色或粉红色

🔘 功效主治：嫩茎叶入药，具有活血止痛、清热利湿、解毒消肿的作用。

🔘 习性：喜温暖、湿润的环境，生长范围较广。

🔘 分布：东北、江苏、浙江、四川、江西、云南、贵州、广东、广西、福建、湖南、湖北、西藏等地。

🔘 饮食宜忌：适宜筋骨疼痛、手足麻木、淋巴结核者食用。

叶圆形或肾形，
边缘有圆齿，
橄榄绿色

茎软弱，四棱形，
中空

食用部位：嫩茎叶 **食法：嫩茎叶洗净，入沸水焯烫，捞出洗净后可凉拌、炒食、做汤等**

別名：辣米菜、野油菜、干油菜、石豇豆
性味：性微温，味辛、苦　繁殖方式：播种

葶菜

　　一年生或二年生直立草本，株高 20~40 厘米，直立或倾斜生长，可分枝，也可不分枝。叶片互生，呈宽披针形或匙形，叶缘为稀疏齿状。顶生或侧生总状花序，开黄色小花，花瓣 4 枚，呈匙形，长有细花梗，簇生。

◑ 功效主治：嫩茎叶入药，其含有葶菜素，具有止咳平喘的作用，还能抑制绿脓杆菌和大肠杆菌，可缓解肺痈、疮、感冒等症。

◑ 习性：生在路旁或田野。

◑ 分布：全国各地均有。

◑ 饮食宜忌：外感时邪及内有宿热者忌食。葶菜不能和黄荆叶同用，否则易引起肢体麻木。

茎直立或斜升，
单一或分枝

总状花序顶生或侧生，
花小，黄色

叶互生，宽披
针形或匙形

食用部位：嫩茎叶　食法：采摘后洗净，入沸水焯烫后捞出，炒食或做汤、榨汁均可

别名：土三七、旱三七、血山草、菊三七
性味：性平，味甘、微酸　繁殖方式：扦插、播种

景天三七

　　多年生草本，株高20~50厘米，直立生长，无分枝。茎上无毛，较粗壮。叶片互生，呈狭披针形、椭圆状披针形至倒卵状披针形，叶端渐尖，叶基呈楔形，叶缘有不整齐的锯齿。聚伞花序，开黄色花，花瓣5枚，蓇葖呈星状排列，簇生。

○ 功效主治：全草入药，具有止血止痛、消肿散淤的作用，可缓解吐血、便血、崩漏、跌打损伤等症。

○ 习性：喜光照，耐寒，忌水湿。

○ 分布：东北、华北、西北及长江流域各省区。

○ 饮食宜忌：适宜免疫力低下、消化道、肺及支气管出血、外科手术出血或妇科出血等患者食用。

茎直立，无毛，不分枝

叶互生，狭披针形、椭圆状披针形，边缘有锯齿

聚伞花序顶生，花黄色

食用部位：嫩茎叶　食法：嫩茎叶洗净后，可凉拌、炒食及煲汤等

别名：三铃子、草豆、野豌豆、山绿豆
性味：性平，味甘　　繁殖方式：播种

歪头菜

多年生草本。根茎粗壮，上有棱，并被有稀疏的柔毛。叶片呈卵状披针形或近菱形，托叶则呈戟形或近披针形，叶轴末端有时有卷须。总状花序，紫色花，斜钟状或钟状。荚果棕黄色，呈扁、长圆形，内有扁圆球形的种子3~7粒。

羽状复叶，互生，卵形至菱形

茎粗壮，疏被柔毛

- **功效主治**：嫩茎叶入药，其含有芹菜素、木樨草素、维生素C、胡萝卜素等有益成分，可辅助治疗胃、十二指肠溃疡、慢性支气管炎、高血压、冠心病等疾病，还能抗肿瘤。
- **习性**：喜阳光，耐阴，耐贫瘠。
- **分布**：东北、华北、西北、华东、华中、西南地区。
- **饮食宜忌**：歪头菜性滑，大便溏泄者慎食。

食用部位： 嫩茎叶　**食法：** 沸水锅中焯熟后，捞出用清水漂洗，可炒食、凉拌、做汤、做馅

别名：卫生草、千斤藤、山百足　　性味：性平，味辛　　繁殖方式：扦插

扶芳藤

常绿藤本灌木，株高为1米以上。叶片呈椭圆形、长椭圆形或长倒卵形，叶端圆钝或急尖，叶基楔形，叶缘有不明显的锯齿。聚伞花序，开4~7朵白绿色花。粉红色蒴果近球形，果皮则光滑无毛。

蒴果粉红色，果皮光滑，近球状

- **功效主治**：嫩茎叶入药，具有活血通经、止痛的作用，可缓解跌打损伤、腰肌劳损、风湿痹痛、关节酸痛、吐血、咯血等症。
- **习性**：性喜湿润温暖环境，较耐寒，耐阴湿。
- **分布**：华北、华东、中南、西南各地。
- **饮食宜忌**：女性月经不调者，特别是经血量偏少者适用。孕妇忌服。

叶薄革质，椭圆形、长方椭圆形或长倒卵形

食用部位： 嫩茎叶　**食法：** 嫩茎叶在洗净、焯水、漂洗后，可凉拌、炒食或煲汤

別名：岩丸子
性味：性凉，味微苦　　繁殖方式：播种、扦插、分株

秋海棠

多年生肉质草本，直立或匍匐，有分枝。具有根状茎。单叶互生或基生，呈宽卵形至卵形，叶缘有不规则的锯齿。聚伞花序，开花数朵，花被的瓣片呈花冠状，一般为2枚对生或4枚交互对生，通常外轮大、内轮小。

聚伞花序，2枚对生或4枚交互对生

单叶互生或基生，宽卵形至卵形

◐ 功效主治：嫩茎叶入药，具有清热解毒、活血止痛的作用，可缓解痢疾、肠炎等症。

◐ 习性：喜温暖、稍阴的环境，但不耐寒；土壤需保持湿润，但又不能积水。

◐ 分布：河北、河南、山东、陕西、四川、贵州、广西、湖南、湖北、安徽、江西、浙江、福建等地。

◐ 饮食宜忌：秋海棠性凉，孕妇慎服。

茎直立、横生或匍匐，有分枝，近无毛

食用部位：嫩茎叶 食法：春季采集嫩茎叶，经沸水焯熟后可凉拌、炒食或炖汤

別名：红根草、扯根草、九节莲　　性味：性平，味辛、苦　　繁殖方式：扦插

珍珠菜

多年生草本，直立生长，全株皆密被黄褐色柔毛。茎呈圆柱形，茎基部为红色。单叶互生，呈长椭圆形或阔披针形，叶面、叶背均有黑色的粒状腺点，叶端渐尖，叶基渐狭。顶生总状花序，常侧向一边，苞片呈线状钻形，花冠则为白色。

总状花序顶生，花密集，白色

叶互生，长椭圆形或阔披针形

◐ 功效主治：嫩梢、叶入药，具有活血调经、利水消肿的作用。

◐ 习性：虽喜温暖的环境，但对温度的要求并不高，对土壤的适应性则很强，因此，可生长在山地、丛林及平原等地。

◐ 分布：东北、华北、华南、西南及长江中下游地区。

◐ 饮食宜忌：孕妇忌服。

食用部位：嫩梢、嫩叶 食法：嫩叶、嫩梢入沸水略烫，用水漂洗后可做蛋花汤、凉拌等

酢浆草

多年生草本，株高 10~35 厘米，全株密被短柔毛，分枝较多。茎细弱。叶互生或基生，托叶呈长圆形或卵形，叶缘还被有长柔毛，此外，还有小叶 3 枚，呈倒心形，但无叶柄。花单生或呈伞状花序，开黄色花，花瓣 5 枚，呈长圆状倒卵形。

○ **功效主治：**嫩茎叶入药，具有清热利湿、凉血散淤、解毒的作用，可缓解风湿、跌打损伤、结石、痢疾、尿路感染等症。

○ **习性：**喜温暖、湿润且阳光充足的环境，但夏季需遮半阴；此外，耐旱，但不耐寒。

○ **分布：**全国各地均有。

○ **饮食宜忌：**孕妇忌用。

花瓣 5 枚，黄色，
长圆状倒卵形

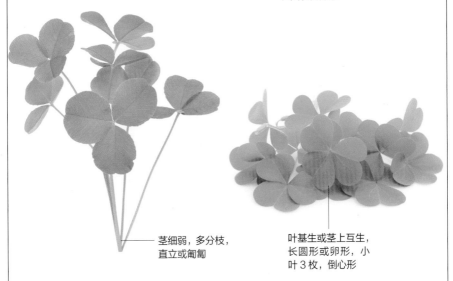

茎细弱，多分枝，
直立或葡匐

叶基生或茎上互生，
长圆形或卵形，小
叶 3 枚，倒心形

食用部位：嫩茎叶　**食法：**沸水锅中焯熟后，捞出用清水漂洗，可炒食、凉拌、做汤、做馅等

红花酢浆草

多年生直立草本。它的球状鳞茎生长在地下，上面光滑而无毛。叶片基生，密被柔毛，有 3 枚小叶，呈扁圆状倒心形，叶端凹入，叶基呈宽楔形，叶面绿色，叶背浅绿色。聚伞花序，开淡紫色至紫红色花，花瓣 5 枚，呈倒心形。

伞形总状花序，
总花梗长

○ **功效主治**：嫩茎叶入药，具有清热解毒、消肿散淤的作用，其含有柠檬酸、苹果酸和大量酒石酸、可促进食欲，维持人体正常的新陈代谢。

○ **习性**：喜温暖、湿润且阳光充足的环境，在低海拔地区广泛存在。

○ **分布**：河北、陕西、华东、华中、华南、四川和云南等地。

○ **饮食宜忌**：适宜痛经、月经不调、白带增多、砂淋、脱肛或痔疮患者。红花酢浆草性寒，孕妇忌服。

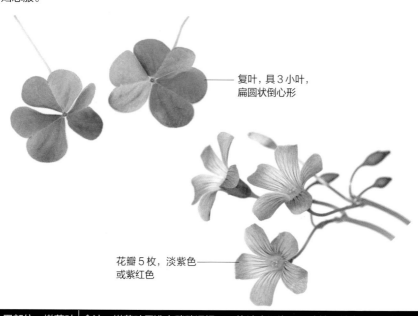

复叶，具 3 小叶，
扁圆状倒心形

花瓣 5 枚，淡紫色
或紫红色

冬葵

一年生草本，株高约1米，无分枝。茎上密被柔毛。叶片圆形，叶基心形，叶缘有细锯齿，叶面、叶背无毛，但有时也被有稀疏的糙伏毛或星状毛，尤其在叶脉上。开白色至淡紫色花，单生或簇生，花瓣5枚，上有纵纹。

● 功效主治：嫩茎叶入药，具有清心泻火、止咳化痰、补中益气、利尿解毒的作用，其富含纤维素，可促进消化、防止便秘。

● 习性：适应性较强，耐旱，耐寒，也能适应各种土壤，但最喜沙质土壤。

● 分布：湖北、湖南、贵州、四川、江西等省。

● 饮食宜忌：尤适宜多痰、痰黏稠、肺热咳嗽、咽喉肿痛或热毒下痢患者。冬葵性寒，脾胃虚寒或腹泻者忌食，孕妇慎食。

茎直立，不分枝，披柔毛

花单生或簇生于叶腋，花瓣5枚，白色

叶圆形，边缘具锯齿

食用部位：嫩茎叶　食法：嫩茎叶择洗干净，入沸水焯烫，捞出漂净，可凉拌或炒食

毛罗勒

一年生草本，株高20~70厘米，直立生长，分枝较多。茎上密被疏柔毛。单叶对生，叶片呈长圆形，叶缘有疏锯齿，叶面还生有稀疏的白色柔毛。顶生轮伞花序，开花密集，花冠为淡粉红色或白色。黑褐色小坚果呈长圆形。

◎ 功效主治：嫩茎叶入药，具有健脾化湿、祛风活血的作用，可辅助治疗月经不调、湿阴脾胃、外感发热等症。

◎ 习性：喜温暖、湿润的环境，既不耐旱，又不耐寒。

◎ 分布：云南大部，我国华北至江南各省均有。

◎ 饮食宜忌：一般人群皆可食用，尤适宜湿阴脾胃、纳呆腹痛、呕吐腹泻、外感发热、月经不调、跌打损伤或皮肤湿疹患者食用。

轮伞花序顶生，花冠淡粉色或白色

茎直立，多分枝，披柔毛

叶对生，叶片长圆形

小坚果长圆形，呈黑褐色

食用部位：嫩茎叶　食法：采摘后洗净，入沸水焯烫后捞出，炒食或做汤、榨汁均可

别名：假芫荽、节节花、野香草
性味：性温，味辛　　繁殖方式：播种

刺芹

二年生或多年生草本，株高 11~40 厘米，直立生长。茎较粗壮，上面光滑无毛，为绿色。叶片革质，呈披针形或倒披针形，叶缘还有尖锐的锯齿。果实呈卵圆形或球形，上有瘤状凸起，并有不明显的果棱。

○ **功效主治**：嫩叶入药，具有行气健胃、促消化的作用，可缓解感冒、咳喘、麻疹不透、咽喉肿痛、脘腹胀痛、水肿等症。

○ **习性**：适合生长在水边、林下等土壤湿润处。

○ **分布**：广东、广西、云南等地。

○ **饮食宜忌**：孕妇或正在哺乳者慎服，对芹菜、茴香等伞形科植物过敏者忌服。

茎生叶对生，披针形或倒披针形，边缘有深锯齿

茎直立，粗壮，无毛

食用部位：嫩叶　**食法**：去杂洗净，入沸水中焯烫，捞出洗净后凉拌或炒食均可

别名：泽兰、地古牛、番薯儿苗叶　　性味：性温，味甘、辛　　繁殖方式：根茎、播种

地笋

多年生草本，株高 60~170 厘米，直立生长。茎呈圆柱形，有茎节，绿色。叶片呈长圆状披针形，叶端渐尖，叶缘有锯齿，为亮绿色。腋生轮伞花序，开花密集，花冠为白色。褐色小坚果呈倒卵状。

○ **功效主治**：嫩茎叶入药，具有利尿消肿、活血祛淤、祛脂降压的作用，其富含淀粉、蛋白质、矿物质，可为人体提供丰富的能量。

○ **习性**：喜温暖、湿润的环境；喜水，喜肥，又耐寒。

○ **分布**：黑龙江、吉林、辽宁、河北、陕西、四川、贵州、云南等地。

○ **饮食宜忌**：胃炎或肠炎患者不宜食用地笋。

叶长圆状披针形，边缘具锯齿

茎直立，四棱形，绿色

轮伞花序腋生，多花，白色

食用部位：嫩叶、匍匐茎　**食法**：可凉拌、炒食或做汤，晚秋后采挖出的地笋，可鲜食或炒食

水芹

多年生草本，株高 15~80 厘米。叶片经 1~2 回羽状分裂，呈卵形至菱状披针形，叶缘有圆齿状锯齿。顶生复伞状花序，开白色小花，花瓣呈倒卵形。果实呈椭圆形或筒状长圆形。

功效主治： 嫩茎叶入药，可辅助治疗高血压、头晕、月经不调、水肿等症，还对血管硬化、神经衰弱有一定的疗效。

习性： 喜凉爽、湿润的环境，常生长在水边、池边等近水处。

分布： 河南、江苏、浙江、安徽、江西、湖北、湖南、四川、广东、广西、台湾等地。

饮食宜忌： 芹菜性凉质滑，故脾胃虚寒或肠滑不固者慎食。芹菜有降血压作用，故血压偏低者慎用。有生育计划的男性应少食。

复伞形花序顶生，
花瓣白色，倒卵形

茎直立或基部匍匐

叶片三角形状，
1~2 回羽状分裂，
边缘具锯齿

食用部位： 嫩茎叶　｜　**食法：** 嫩茎叶用开水烫一下，捞出切段或末，可炒食或做配料，也可做馅

别名：大叶芹、短果回芹
性味：性平，味辛、苦　繁殖方式：播种

山芹菜

多年生草本，株高 15~50 厘米，直立生长，有分枝。粗短的主根呈黄褐色至棕褐色。茎部中空，表面光滑，有时基部有些许短柔毛。叶片基生，2~3 回羽状分裂。复伞状花序，开白色花 8~20 朵。金黄色果实透明而有光泽，呈长圆形至卵形。

复伞形花序，花瓣白色

⊃ **功效主治**：嫩茎叶入药，具有清热解毒、祛风除湿、散淤消肿的作用，其富含维生素 P 和钙、磷、铁、膳食纤维等成分，对人体健康有益。

⊃ **习性**：一般生长在海拔较高的地区。

⊃ **分布**：江苏、安徽、浙江、江西、福建、湖南等地。

⊃ **饮食宜忌**：尤适宜血压偏高、睡眠不佳的中老年人，或月经推迟的妇女等。

茎直立，中空，光滑，上部有分枝

果实呈长圆形至卵形

基生叶，叶三角形状，2~3 回羽状分裂

食用部位：嫩茎叶　食法：山芹菜可直接炒食，其叶可用来做汤，如山芹菜蛋花汤

別名：千层塔、九层塔、零陵菜、熏草
性味：性温，味辛　　繁殖方式：播种

罗勒

　　一年生草本，株高 20~80 厘米，直立生长。叶片呈卵圆形至长圆形，叶端急尖或稍钝，叶基渐窄，叶缘有不规则的锯齿。顶生总状花序，开淡紫色花，花上被有稀疏的柔毛。黑褐色小坚果呈卵珠形。

◎ 功效主治：嫩茎叶入药，具有杀菌、健胃、强身、助消化的作用，其叶提取精油可改善面部皮肤问题。

◎ 习性：喜温暖、湿润的环境，适宜疏松肥沃、排水良好的沙质土壤或富含腐殖质的土壤。

◎ 分布：全国各地均有。

◎ 饮食宜忌：气虚血燥者慎服。

总状花序顶生于茎、枝上，花冠淡紫色

茎直立，钝四棱形，上部微具槽，基部无毛，多分枝

叶对生，卵圆形至卵圆状长圆形

食用部位：嫩茎叶　食法：嫩茎叶入沸水中焯熟，捞出洗净，可凉拌，也可炒食、做汤

别名： 小旋花、面根藤、狗儿蔓、斧子苗
性味： 性平，味甘、淡　　**繁殖方式：** 根芽、播种

打碗花

一年生草本，株高 8~30 厘米，匍匐生长。白色的根呈细长状。茎细弱，上有细棱。单叶互生，呈长圆形，叶端圆钝。花腋生，为淡紫色或淡红色。

功效主治： 嫩茎叶入药，具有健脾益气、利尿除湿、调经止带的作用，还可辅助治疗消化不良等脾虚症状。

习性： 喜温暖、湿润的环境，适宜在沙质土壤中生存。

分布： 全国各地均有。

饮食宜忌： 根茎有毒，含生物碱，慎食。

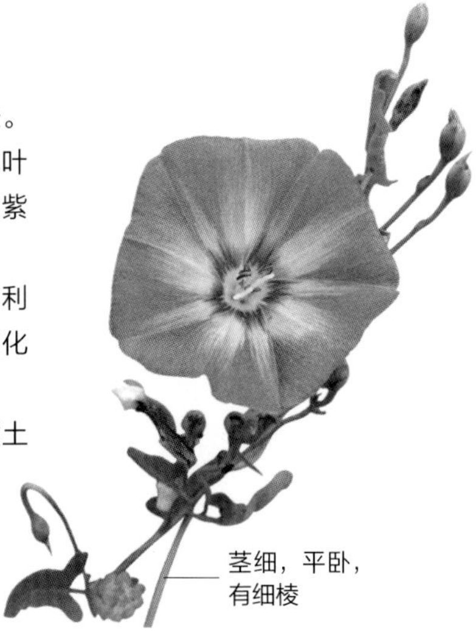

茎细，平卧，有细棱

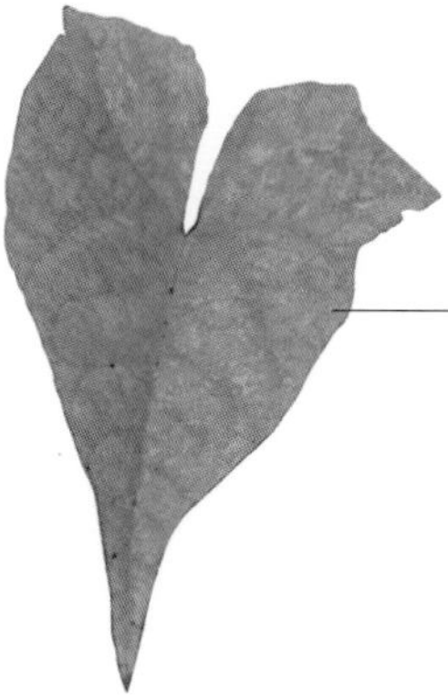

叶互生，长圆形，基部心形或戟形

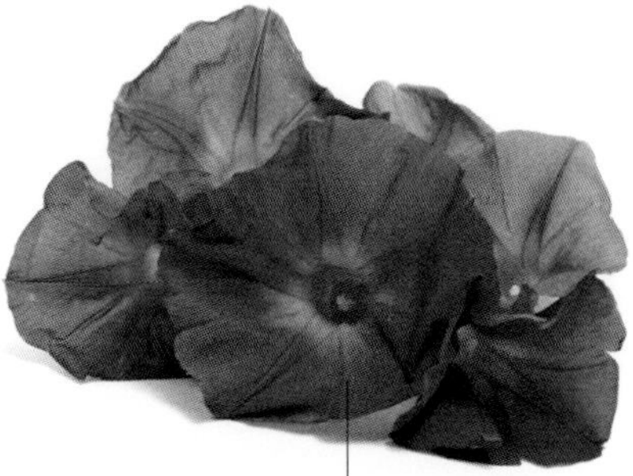

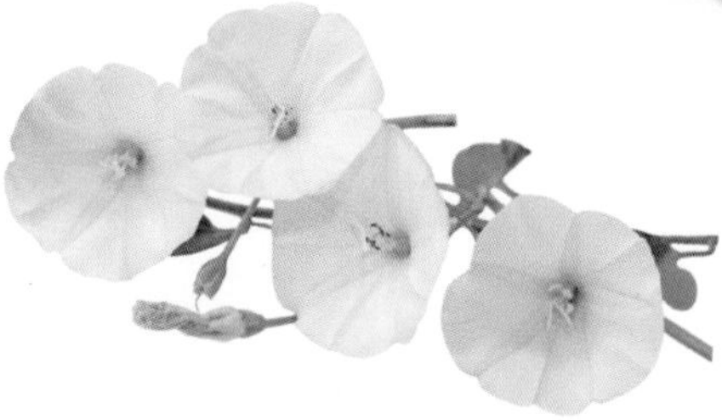

花腋生，花冠淡紫色或淡红色，也有部分为白色，如左图所示，冠檐近截形或微裂

食用部位： 嫩茎叶 | **食法：** 嫩叶用沸水汆烫后可用来炒食，与肉、鸡蛋等同食滋味鲜美

別名：白苏、赤苏、红苏、香苏、黑苏
性味：性温，味辛　　繁殖方式：播种

紫苏

一年生草本，株高 30~200 厘米，直立生长。茎呈钝四棱形，上被长柔毛，绿色或紫色。叶片呈阔卵形或圆形，叶缘的锯齿较粗，绿色或紫色。棕褐色或灰白色小坚果近似球形。

⊙ 功效主治：全草入药，具有散寒发汗、行气安胎的作用，与藿香配伍应用，可缓解脾胃气滞、胸闷、呕吐等症。

⊙ 习性：喜温暖、湿润的环境，能耐涝，不能耐旱。

⊙ 分布：浙江、江西、湖南等中南部地区。

⊙ 饮食宜忌：特禀体质者忌服，气虚、阴虚久咳或脾虚便溏者忌食。

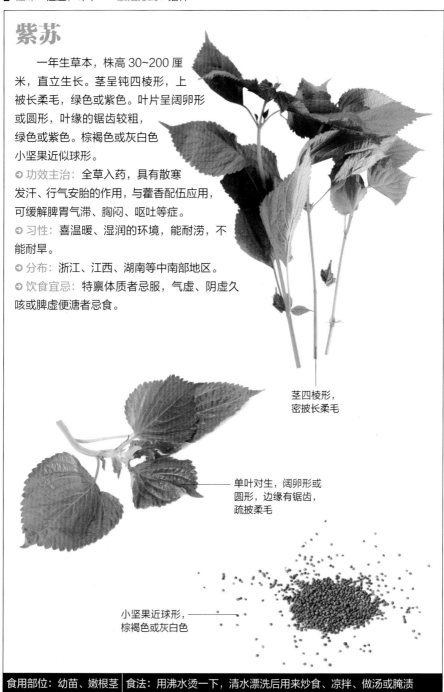

茎四棱形，
密披长柔毛

单叶对生，阔卵形或
圆形，边缘有锯齿，
疏披柔毛

小坚果近球形，
棕褐色或灰白色

食用部位：幼苗、嫩根茎　食法：用沸水烫一下，清水漂洗后用来炒食、凉拌、做汤或腌渍

薄荷

　　多年生草本，株高30~60厘米，直立生长，分枝较多。茎呈四棱形，上密被柔毛。叶片呈长圆状披针形、椭圆形或卵状披针形，叶端较尖，叶缘有稀疏的牙齿状锯齿，绿色。腋生轮伞花序，开淡紫色花。

◎ 功效主治：嫩茎叶入药，具有双重功效，热时使人清凉，冷时使人温暖，常用于治疗风热感冒、头痛、咽喉肿痛、口舌生疮等病症。

◎ 习性：喜温暖、湿润气候。

◎ 分布：全国大部分地区均产，主产于江苏、浙江、江西。

◎ 饮食宜忌：阴虚血燥、肝阳偏亢或表虚汗多者忌服。哺乳期妇女一般不宜多用，因本品有退乳作用。

茎直立，多分枝，四棱形，披柔毛

轮伞花序腋生，球形，花冠淡紫色

叶对生，长圆状披针形、椭圆形或卵状披针形，边缘有锯齿

食用部位：嫩茎叶 ｜ 食法：用途广泛，既可作调味品，又可作香料，还可作食品配料

別名：香茅、香绒、石香茅、石香薷
性味：性微温，味辛　　繁殖方式：播种

香薷

多年生直立草本，株高 30~50 厘米。茎呈钝四棱形，小麦黄色，中部以上开始分枝。叶片呈卵形或椭圆状披针形，叶端渐尖，叶缘有锯齿，绿色。穗状花序，向一边偏斜，开淡紫色花。

○ 功效主治：嫩茎叶入药，具有发汗解表、祛暑化湿、利尿消肿的作用。

○ 习性：喜温暖环境，不耐湿。

○ 分布：主产于江西、河北、河南等地区，以江西产量大、质量好。

○ 饮食宜忌：气虚、阴虚或表虚多汗者不宜选用。传统习惯认为香薷热服易引起呕吐，故宜凉服。

穗状花序偏向一端，花冠淡紫色

茎自中部以上分枝，四棱形

叶卵形或椭圆状披针形，边缘具锯齿

食用部位：嫩茎叶 | 食法：嫩茎叶用沸水汆烫后，清水漂净，可炒食或凉拌

別名：土藿香、排香草、大叶薄荷　　性味：性微温，味辛　　繁殖方式：播种、扦插

藿香

多年生草本，直立生长。茎的上部密生短细毛，下部则无毛。叶片呈心状卵形至长圆状披针形，叶端渐尖，叶基心形，叶缘的锯齿较粗，橄榄绿色。轮伞花序，开密集的淡紫蓝色或红色花。

○ 功效主治：嫩茎叶入药，具有祛暑解表、理气和胃的作用，可缓解外感暑湿、胸脘痞闷、呕吐腹泻等症。

○ 习性：喜高温湿润环境。

○ 分布：四川、江苏、浙江、湖北、云南等地。

○ 饮食宜忌：风热感冒者，即有发热明显、微恶风、口渴、咽喉肿痛或咳吐黄痰症状者忌服。阴虚火旺或舌降光滑者应少食。

轮伞花序，倒圆锥形，花淡紫蓝色或红色

茎直立，上部披细毛，下部无毛

叶对生，心状卵形至长圆状披针形，边缘有锯齿

食用部位：嫩茎叶 | 食法：嫩茎叶入沸水焯烫后，捞出洗净，可炒食、凉拌、做馅等

别名： 鸡儿肠、阶前菊、紫菊、马郎头
性味： 性凉，味辛　　**繁殖方式：** 播种、分株

马兰头

多年生草本，株高 30~70 厘米，直立生长。叶片呈倒披针形或倒卵状矩圆形。头状花序，开浅紫色花，花托圆锥形。

⊙ **功效主治：** 嫩茎叶入药，具有凉血止血、清热利湿、解毒消肿的作用，其富含胡萝卜素，可增强人体免疫力。

⊙ **习性：** 适应性强，耐寒，耐热，常生长在草地、路边、庭院等处。

⊙ **分布：** 全国大部分地区均有。

⊙ **饮食宜忌：** 一般人群皆可食用，尤适宜吐血、衄血、崩漏、紫癜、创伤出血或黄疸患者。孕妇慎服。

叶倒披针形或倒卵状矩圆形

食用部位： 嫩茎叶　**食法：** 嫩茎叶用沸水烫后，浸凉水去辛味，加油、盐调食

别名： 安南草、神仙菜、野木耳、革命菜　　**性味：** 性平，味甘、辛　　**繁殖方式：** 播种

野茼蒿

一年生草本，株高 20~120 厘米，直立生长。茎部光滑无毛，上有纵条纹。叶片呈椭圆形或长圆状椭圆形，叶端渐尖，叶缘有不规则锯齿，无毛。头状花序，开红褐色或橙红色花，顶端还有簇状毛。

⊙ **功效主治：** 嫩茎叶入药，富含多种维生素，具有健脾消肿、清热解毒、利水行气的作用，常用于治疗神经衰弱、高血压、脾胃不和、便秘等症。

⊙ **习性：** 喜冷凉环境，不耐高温。

⊙ **分布：** 江西、福建、湖南、广东、广西、四川、云南及西藏等地。

⊙ **饮食宜忌：** 野茼蒿辛香滑利，胃虚泄泻者不宜多食。

叶互生，椭圆形或长圆状椭圆形，边缘有锯齿

茎直立，无毛，具纵条纹

食用部位： 嫩茎叶　**食法：** 采摘嫩茎叶或幼苗，可凉拌、炒食或煲汤

野艾蒿

　　多年生草本，株高 50~120 厘米，丛生，分枝较多，带有香气。茎斜生长，上有纵棱。绿色的叶片呈宽卵形或近圆形，上面有密集的白色腺点及小凹点。头状花序构成穗状或复穗状花序。

◎ **功效主治**：嫩茎叶、芽入药，具有清热解毒、止血平喘、安胎的作用，可缓解虫病、皮肤病等症。

◎ **习性**：一般生长在中、低海拔地区。

◎ **分布**：黑龙江、吉林、辽宁、内蒙古、河北、山西、陕西、甘肃、山东、江苏、安徽、江西、河南、湖北、湖南、广东（北部）、广西（北部）、四川、贵州、云南等地。

◎ **饮食宜忌**：适宜泌尿系统疾病患者。

叶纸质

叶上有白色腺点

叶背面密被灰白色绵毛

食用部位：嫩芽、嫩枝头　**食法**：开水煮 5 分钟，捞起挤干水分加糯米粉揉成团，做剂子

蒌蒿

多年生草本，株高 60~150 厘米，气味清香。茎无毛，由绿褐色变为紫红色。纸质叶片绿色，呈宽卵形、长椭圆形或线状披针形，叶端较尖，叶缘有细锯齿。头状花序，开黄色花。

功效主治： 嫩茎入药，具有平抑肝火、预防牙病、止痛利水的作用，对降血压、降血脂、缓解心血管疾病有较好的食疗效果。

习性： 多生于河滩或沟边的湿草地上。

分布： 东北、华北、华中等地。

饮食宜忌： 糖尿病、肥胖或其他慢性病如肾脏病、高脂血症患者慎食，老人或缺铁性贫血患者尤其要少食。

茎少数或单一，初时绿褐色，后为紫红色，无毛

叶纸质，宽卵形、长椭圆形或线状披针形，边缘具细锯齿

头状花序长圆形或宽卵形，花黄色

食用部位： 嫩茎叶 ｜ **食法：** 嫩茎叶用开水烫熟后，再用清水漂洗，挤干水分炒食、凉拌

蒲公英

　　多年生草本。黑褐色的根呈圆柱状，较粗壮。叶片呈倒卵状披针形、长圆状披针形或倒披针形，叶端圆钝或急尖，叶缘有时则有波状齿或羽状深裂。顶生头状花序，开黄色的舌状花。瘦果长有白色冠毛，呈倒卵状披针形。

◎ **功效主治**：全草入药，具有利尿、助消化的作用，还有改善湿疹、皮肤炎、关节不适的功效。

◎ **习性**：抗寒耐热，适应性强。

◎ **分布**：全国大部地区均有。

◎ **饮食宜忌**：适宜咽喉疼痛者或肿毒者，热毒上攻引起的目赤咽肿或口舌生疮者。

头状花序，直径
30~40 毫米

舌状花黄色，舌片长约
8 毫米，宽约 1.5 毫米

叶倒卵状披针形，
边缘有波状齿

瘦果倒卵状披针形，
有白色冠毛

食用部位：嫩叶花蕾 ｜ 食法：洗净蘸酱食用，也可用烫熟后，用冷水冲一下，作配菜

别名：抱茎小苦荬、苦碟子、盘尔草
性味：性微寒，味苦、辛　　繁殖方式：播种

抱茎苦荬菜

多年生草本，株高 30~60 厘米。根呈细圆锥状。分枝集中在茎上部。叶片呈长圆形，叶柄则较短。头状花序构成圆锥花序，开黄色舌状花，花上端还长有细茸毛。黑色的果实上长有细纵棱。

头状花序组成伞房状圆锥花序，舌状花多数，黄色

◎ **功效主治**：全草入药，鲜品捣敷或熏洗于患处，具有镇静、止痛的作用，可缓解牙痛、头痛、出血等症状。

◎ **习性**：多生于路边、山坡、荒野。

◎ **分布**：中国东北、华北、华东和华南等地区。

◎ **饮食宜忌**：一般人群皆可食用，尤适宜头痛、牙痛、吐血、衄血、痢疾或泄泻患者。

花药黄色，上端具细茸毛

食用部位：幼苗 | **食法：用沸水氽烫 2 分钟左右，再用清水浸泡，捞出沥干后凉拌或炒食**

别名：长生草、不死草、野韭菜　　性味：性平，味辛、甘　　繁殖方式：播种

山韭

多年生草本。根状茎较粗壮，单生或聚生，外皮灰黑色至黑色，内皮白色，有时也带红色。叶片肥厚，呈狭条形至宽条形，叶基近半圆柱状，叶上部扁平，有时叶略呈镰状弯曲，叶端钝圆，叶缘和纵脉周围有时也有细糙齿。

叶狭条形至宽条形，肥厚

◎ **功效主治**：全草入药，连根捣汁敷于患处，有活血散淤、养血健脾的作用，可缓解跌打损伤、荨麻疹、牛皮癣等症。

◎ **习性**：生于海拔 2300~4800 米的湿润草坡、林缘、灌丛下或沟边。

◎ **分布**：一般生长在海拔 2300~4800 米的高原地区。

粗壮根茎，近狭卵状圆柱形，膜质，内皮白色

◎ **饮食宜忌**：一般人群皆可，尤适于外伤患者。

食用部位：嫩叶、花序 | **食法：嫩叶洗净后可炒食、凉拌或腌渍，如山韭炒鸡蛋**

别名：水葫芦苗、水葫芦、水浮莲
性味：性凉，味辛、淡　　繁殖方式：无性繁殖

凤眼莲

　　多年生宿根浮水草本，株高 30~60 厘米。棕黑色的须根较发达。茎部较短，淡绿色或略带紫色，长有匍匐枝。叶片较厚，深绿色，有光泽，呈圆形或宽卵形，基部丛生，整体呈莲座状。穗状花序，开 9~12 朵紫蓝色花，花瓣呈卵形、长圆形或倒卵形。

○ **功效主治**：花和嫩叶入药，含有丰富的氨基酸，能提高人体免疫力、促进消化吸收。

○ **习性**：一般生长在阳光充足、水面平静的池塘、湖泊等。

○ **分布**：全国各地均有。

○ **饮食宜忌**：一般人群皆可食用，尤适宜中暑烦渴、湿疹、风疹、肾炎水肿或小便不利者。

穗状花序，花瓣状，
类卵形，紫蓝色

茎比较短，具有长
匍匐枝，呈淡绿色
或紫色，表面光滑

叶基部丛生，类圆形，
深绿色

浮水草木，
须根发达

食用部位：花和嫩叶 ┃ 食法：嫩茎叶洗净后用开水略烫，捞出挤干水分，可炒食或凉拌

別名：小根蒜、山蒜、苦蒜、小么蒜
性味：性温，味辛、苦　　繁殖方式：鳞茎繁殖

薤白

多年生草本。球状鳞茎为纸质或膜质，略带黑色，内皮则为白色。叶片中空，呈半圆柱状，上面有沟槽。伞状花序，开密集的淡紫色或淡红色花，花葶呈圆柱状，花被片则呈卵形至披针形，内有花丝。

◎ 功效主治：茎、叶入药，具有通阳散结、行气除滞的作用，可缓解胸痹、脘腹疼痛等症。

◎ 习性：喜温暖、湿润的环境，适宜疏松肥沃、排水良好的沙质土壤或富含腐殖质的土壤。

◎ 分布：长江流域和北部各省区。

◎ 饮食宜忌：阴虚发热患者不宜多食。不宜与韭菜同食，不耐蒜味者少食。

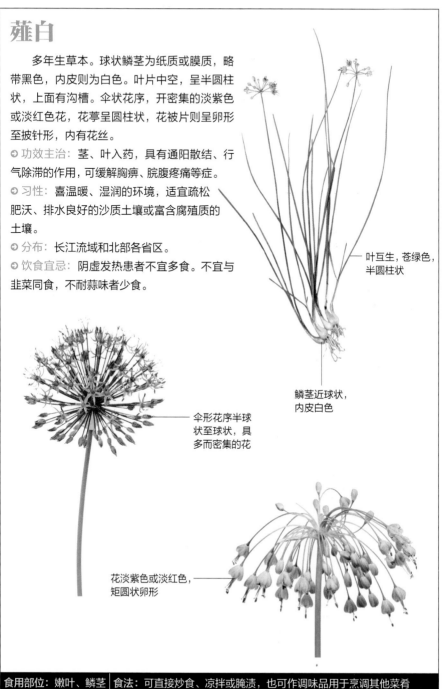

叶互生，苍绿色，半圆柱状

鳞茎近球状，内皮白色

伞形花序半球状至球状，具多而密集的花

花淡紫色或淡红色，矩圆状卵形

食用部位：嫩叶、鳞茎　食法：可直接炒食、凉拌或腌渍，也可作调味品用于烹调其他菜肴

别名: 山葱、蒙古葱
性味: 性温, 味辛　　繁殖方式: 播种、分株

野韭菜

　　多年生草本。肉质茎散发着香味,上部有密集的分枝。线形叶片呈暗绿色。腋生穗状花序,开白色或紫色花,花披呈针形至长三角状条形,内外轮等长。

◎ 功效主治: 嫩茎叶、花入药,具有温中下气、补肾益阳、健胃提神、散血行淤的作用。

◎ 习性: 喜温暖、潮湿和稍阴的环境。

◎ 分布: 黑龙江、吉林、辽宁、河北、山东、山西、内蒙古、陕西、甘肃、宁夏,青海和新疆等地。

◎ 饮食宜忌: 寒性腹泻者不宜食用,阴虚火旺、疮疡目疾或消化不良者忌食。

叶片暗绿色,线形

肉穗花序圆柱状,花白色或紫色

食用部位: 嫩茎叶、花 ┃ 食法: 野韭菜可直接炒食、做汤,也可做馅

别名: 七叶胆、小苦药　　性味: 味甘、苦,性微寒　　繁殖方式: 播种、枝条扦插、根状茎

绞股蓝

　　多年生草本攀缘藤木,分枝较多。茎细弱。叶片膜质或纸质,绿色,上有小叶 3~9 片,呈卵状长圆形或披针形,密生短柔毛,有时也无毛,叶面、叶背均被稀疏的短硬毛。

◎ 功效主治: 嫩叶入药,具有消除疲劳、延缓衰老、镇静催眠、降低血脂、降低胆固醇、增强食欲、解毒、止咳祛痰的作用。

◎ 习性: 喜阴湿、疏松肥沃的土壤。

◎ 分布: 长江流域以南各省区及陕西均有。

◎ 饮食宜忌: 少数患者食用后,出现恶心呕吐、腹胀腹泻(或便秘)、头晕、眼花、耳鸣等症状,应立刻禁食该菜。

茎细弱,具分枝

叶鸟足状,叶膜质或纸质,卵状长圆形或披针形

食用部位: 嫩叶 ┃ 食法: 用沸水焯熟后再用清水漂洗,将其苦味去除,可炒食或凉拌

別名：木耳菜、藤菜、软浆叶、胭脂菜
性味：性寒，味甘、酸　　繁殖方式：播种、扦插

落葵

　　一年生缠绕草本。肉质茎光滑无毛，可长达数米，绿色或略带紫红色。单叶互生，叶片呈宽卵形、心形至长椭圆形，叶端急尖，叶基呈心形或圆形，叶脉则下面微凹，上面稍凸。

◎ 功效主治：嫩茎叶入药，具有散热利尿、润泽肌肤、凉血的作用，常食有清热、凉血、解毒之效。

◎ 习性：喜温暖、湿润且半阴的环境，虽然耐高温多湿，但不耐寒冻。

◎ 分布：我国长江流域以南各地均有。

◎ 饮食宜忌：平素脾胃虚寒或便溏泄泻者忌食，孕妇或经期女子忌食。

—— 单叶互生，叶片宽卵形、心形至长椭圆形，全缘

—— 茎长可达数米，无毛，肉质，绿色或略带紫红色

食用部位：幼苗、嫩茎叶　食法：入沸水锅中焯熟，捞出用清水漂洗，可炒食、凉拌、做汤

別名：榆实、榆子、榆仁、榆荚仁　　性味：性平，味甘、微辛　　繁殖方式：播种

榆钱

　　一年生草本，直立生长。茎斜生，呈钝四棱形，上有绿色条纹，茎皮粗糙，呈深灰色。叶片呈卵状矩圆形至卵状三角形，叶端微钝，叶基戟形至宽楔形，绿色，叶缘有不规则锯齿。

◎ 功效主治：嫩叶、果入药，具有健脾安神、清心降火、止咳化痰、利水杀虫的作用，可缓解失眠、食欲不振、小便不利、水肿、小儿疳积等症。

◎ 习性：适应性强，耐旱，耐寒，只要给予它充足的光照在任何土壤环境中都能生存。

◎ 分布：黄河流域最为多见。

◎ 饮食宜忌：十二指肠溃疡患者慎食。

单叶互生，卵状矩圆形至卵状三角形，边缘有锯齿

—— 茎直立，枝斜伸，钝四棱形

食用部位：幼嫩叶、嫩果　食法：生吃，或洗净后与大米煮粥，或拌以玉米面或白面做成窝头

刺五加

　　一年生或二年生灌木，株高 1~6 米，分枝较多。茎上密生刺。叶片呈椭圆状倒卵形或长圆形，上面粗糙，为深绿色，下面则为淡绿色。顶生伞状花序。果实为黑色，呈球形或卵球形，上有 5 棱。

小叶片纸质，椭圆状倒卵形或长圆形

○ **功效主治**：嫩枝芽入药，能增强机体免疫能力，对肿瘤有一定的抑制作用，具有镇静功效，可改善失眠、咳嗽、痰多、气喘等症。

○ **习性**：喜温暖湿润气候，耐寒、耐微阴蔽。

○ **分布**：东北地区及河北、北京、山西、河南等地。

○ **饮食宜忌**：阴虚火旺者慎服。服用本品期间，忌食油腻食物，忌情绪动荡，忌饭后服用。

茎密生刺，分枝多

刺五加皮可做药用，具有补肾虚，强筋骨的功效

刺五加片还可以用来泡茶饮用，具有益气安神之效

食用部位：嫩枝芽　食法：需焯水过后才能食用，但注意焯水后，还需在清水中浸泡一天

柳树芽

多年生草本。茎细长，呈下垂状，淡紫绿色或褐绿色，一般无毛，只在幼时稍有毛。单叶互生，叶片呈线状披针形，叶端尖削，叶缘有腺状小锯齿，叶面浓绿色，叶背绿灰白色。黄褐色的蒴果长 3~4 厘米。

◎ **功效主治**：嫩芽入药，具有清热解毒、祛火利尿、养肝明目的作用，常用于治疗上呼吸道感染、咽喉炎、支气管炎、肺炎等症，还可用于防治高血压、血脂稠。

◎ **习性**：耐寒，耐旱，喜温暖至高温、湿润气候。

◎ **分布**：以西南高山地区和东北三省种类最多，其次是华北和西北地区。

◎ **饮食宜忌**：一般人群皆可食用，尤适宜牙痛、咽喉肿痛、中耳炎、惊悸心烦或疹出迟缓患者。

叶互生，线状披针形，边缘有锯齿

茎细长，有小枝，下垂

柔荑花序直立或下垂

食用部位：嫩芽　食法：需先用沸水煮 5~10 分钟，再在冷水中浸泡 12 个小时，捞出凉拌即可

龙牙楤木

叶片薄纸质或膜质，阔卵形、卵形至椭圆状卵形

　　多年生灌木或小乔木，株高 1.5~6 米。树基部膨大，树干为灰色，枝条为灰棕色，上密生细刺。叶片为 2~3 回羽状复叶，小叶片则呈阔卵形、卵形至椭圆状卵形，绿色，一般无毛，有时叶脉上也长有短柔毛和细刺毛，叶缘则生有稀疏的锯齿。

○ **功效主治**：嫩芽入药，具有益气补肾、祛风利湿的作用，其含有多种维生素和胡萝卜素、氨基酸，对人体健康有益。

○ **习性**：喜偏酸性土壤。

○ **分布**：黑龙江、吉林、辽宁等地。

○ **饮食宜忌**：适宜失眠多梦或气虚乏力者。

小枝灰棕色，基部膨大

食用部位：嫩芽 | **食法：嫩茎叶用沸水浸烫 5 ~ 7 分钟，用清水浸泡后炒食、做汤或蘸酱**

香椿

叶具长柄，无毛

　　多年生落叶乔木。树干呈深褐色。叶片为偶数羽状复叶；有对生或互生的小叶 16~20枚，呈卵状披针形或卵状长椭圆形，叶端较尖，叶基不对称，叶缘有疏离的小锯齿；叶面、叶背均无毛、无斑点，叶面绿色，叶背则为粉绿色；叶柄较长。

○ **功效主治**：嫩芽入药，具有涩血止痢、止崩的作用，还能抗衰老、补阳滋阴，对不孕不育症有一定疗效，故有"助孕素"的美称。

○ **习性**：喜温、喜光、耐湿。

○ **分布**：华北、华东、中部、南部和西南部各省区。

○ **饮食宜忌**：香椿芽为发物，多食易诱使痼疾复发，故慢性疾病患者应少食或不食。

小叶纸质，卵状披针形或卵状长椭圆形

食用部位：嫩芽 | **食法：一般在谷雨前采摘口感较好，凉拌、炒食、蒸食及腌渍等皆可**

别名：辣子草、向阳花、珍珠草、铜锤草
性味：性平，味淡　　繁殖方式：播种

牛膝菊

　　一年生草本，株高 10~80 厘米。茎部纤细，被短柔毛和腺毛。叶片对生，呈卵形或长椭圆状卵形，被白色短柔毛，叶缘有钝锯齿。顶生头状花序，头状花序构成疏松的伞房花序，花梗较长。

头状花序半球形，有长花梗

茎纤细，分枝斜升，疏披短柔毛

叶对生，卵形或长椭圆状卵形，边缘有锯齿

○ **功效主治**：全草入药，具有清热解毒、消炎止血的作用，常用于治疗扁桃体炎、咽喉炎、急性黄疸型肝炎、肺结核等症。

○ **习性**：喜温，喜水，喜肥。

○ **分布**：浙江、江西、四川、贵州等地。

○ **饮食宜忌**：一般人群皆可食用，尤适宜扁桃体炎、急性黄疸型肝炎、外伤出血患者。

食用部位：幼苗、嫩茎叶　**食法**：用沸水焯烫后用凉水浸泡，可素炒，也可凉拌或做汤

别名：黄荆条、黄荆子、布荆　　性味：性平，味苦、微辛　　繁殖方式：播种、扦插、压条

黄荆

　　灌木或小乔木。茎枝呈四棱形。掌状复叶，对生；叶片呈长圆状披针形至披针形，叶端渐尖，叶缘有粗锯齿；叶面绿色，叶背则密生灰白色茸毛。顶生聚伞花序，聚伞花序构成圆锥花序，开淡紫色花，外有少许柔毛。

掌状复叶，对生，长圆状披针形至披针形

聚伞花序顶生，淡紫色

小枝四棱形，密生灰白色茸毛

○ **功效主治**：嫩芽叶入药，具有清热止咳、化痰截虐的作用，可缓解感冒、肠炎、痢疾、湿疹、皮炎等症。

○ **习性**：生于向阳山坡、原野，耐旱、耐贫瘠。

○ **分布**：华东、华南、西南及陕西、甘肃等省区。

○ **饮食宜忌**：一般人群皆可食用，尤适宜急性肠炎患者。

食用部位：嫩芽叶　**食法**：嫩芽叶洗净，用开水浸烫几分钟后，再用冷水漂清异味，炒食

別名：土常山、五指柑、补荆

性味：性凉，味甘、苦　　繁殖方式：播种、扦插、压条

牡荆

落叶灌木或小乔木，株高约 5 米，分枝较多。茎部能散发香味，上面还被有细毛。绿色的叶片对生，呈披针形，叶缘有粗锯齿，叶面、叶背在叶脉处皆有短细毛。顶生或侧生圆锥状花序，开淡紫色花，花苞呈线形，花萼呈钟状，花冠外则生有细密的柔毛。黑色的浆果呈球形。

◆ **功效主治**：嫩芽叶入药，常用于治疗风寒感冒、痧气腹痛、吐泻、痢疾、风湿痛、脚气、流火、痈肿、喉痹肿痛、足癣等病症。

◆ **习性**：喜阳光，但又耐阴、耐寒，此外，对土壤的适应性也很强。

◆ **分布**：华东、河北、湖南、湖北、广东、广西、四川、贵州等地。

◆ **饮食宜忌**：一般人群皆可食用，尤适宜感冒、风湿、喉痹、疮肿或牙痛患者。

圆锥状花序顶生或侧生，花萼钟状，花冠淡紫色

茎直立，纵生，多分枝，表面有细毛，具有香味

叶对生，小叶披针形，边缘具粗锯齿

牡荆子摘采后洗净晒干，可作药用，有降脂降压的作用

食用部位：嫩芽叶　|　食法：嫩芽叶洗净，用开水浸烫后，再用清水漂去异味，炒食

70　野菜图鉴

别名：木通、羊开口、野木瓜
性味：性寒，味苦　　繁殖方式：播种、压条

五叶木通

短总状花序腋生，紫色

掌状复叶，叶柄细长

落叶木质缠绕藤本。幼枝呈灰绿色，且上有纵纹。掌状复叶簇生于枝顶，并有细长的叶柄。腋生总状花序，在夏季，开紫色花。果实为浆果，呈长椭圆形，有时也呈肾形，成熟后为紫色。黑色或黑褐色种子呈稍扁的长卵形。

◎ 功效主治：全草入药，具有清火、通下乳、清热利尿、活血通便的功效，可缓解胸中烦热、喉痹咽痛、周身挛痛、经闭乳少、口舌生疮、风湿痹痛等症。

◎ 习性：喜温暖、湿润的环境，适宜疏松肥沃、排水良好的沙质土壤。

◎ 分布：江苏、浙江、江西、广西、广东等地。

◎ 饮食宜忌：五叶木通味苦，性寒，孕妇忌食。

食用部位：幼嫩茎叶、果实　食法：嫩茎叶用沸水稍烫，再用清水反复冲洗后炒食、凉拌

别名：湖三棱、三棱、泡三棱　　性味：性平，味辛、苦　　繁殖方式：块茎

黑三棱

头状花序，有雌花和雄花两种

叶丛生，或呈三棱形

茎较粗壮，直立

多年生水生或沼生草本，直立生长，丛生。根状茎较粗壮。叶片上有中脉，叶面上部扁平，叶背下部则呈龙骨状凸起或三棱形。头状花序，雌雄同株，雄花序高于雌花序，花期为6~7月。果实呈倒圆锥形，上有棱，长6~9毫米，上部常膨大如冠状，褐色，果期7~8月。

◎ 功效主治：具有活血化淤、消积食、行气止痛、通经、下乳的功效。

◎ 习性：喜欢温暖、湿润且阳光充足的环境，一般生长在向阳处。

◎ 分布：全国各地均有分布。

◎ 饮食宜忌：适宜闭经、恶心反胃、乳汁不下者食用。

食用部位：嫩茎叶　食法：采嫩茎后剥去外面粗皮，入沸水焯熟，加入油、盐拌匀即可

別名：水田荠、水芥菜
性味：性平，味甘、辛　　繁殖方式：播种

水田碎米荠

　　多年生草本，株高 30~70 厘米，直立生
长，丛生，但没有分枝。须根较多。根状茎
较短。茎上有沟棱。单叶对生，叶片呈
心形或圆肾形，叶端圆钝或微凹，叶基
心形，叶缘有波状圆齿。顶生总状花序，
花瓣白色，花瓣呈倒卵形。

总状花序顶生，
花瓣白色

单叶，心形或圆
肾形

茎直立，不分枝，
表面有沟棱

○ **功效主治**：嫩苗入药，常用来辅助治疗肾炎
水肿、痢疾、吐血、崩漏、月经不调、目赤等症。
○ **习性**：喜生长在水田边、溪边或浅水处。
○ **分布**：东北及内蒙古、河北、江苏、安徽、
浙江、江西、河南、湖北、湖南、广西等地。
○ **饮食宜忌**：一般人群皆可食用，尤适宜月经
不调、痢疾或目赤痛患者。

食用部位：嫩苗 ▎**食法：嫩茎叶洗净后用开水烫一下，再用清水浸洗后，炒食、凉拌或做汤**

▊别名：白带草、雀儿菜、野养菜、米花香荠菜　　性味：性平，味甘　　繁殖方式：播种

碎米荠

　　一年生小草本，株高 15~35 厘米，直生长
或斜生长，或分枝，或不分枝。茎上密被柔毛。
叶基生，有小叶 2~5 对，顶生小叶则呈肾形或
圆形，还有叶柄。顶生总状花序，开紫色或白
色小花，花瓣呈倒卵形。

总状花序生于枝顶，
花小，紫色或白色

○ **功效主治**：嫩叶入药，具有疏风清热、利尿
解毒的作用，可缓解尿道炎、膀胱炎、痢疾、
带下等症。
○ **习性**：适宜在弱光、半阴的环境生长，
适宜温度为 10~25℃，喜疏松肥沃、排水
良好的土壤。
○ **分布**：沿长江流域一带，东至福建、台湾，
西南至云南、贵州，北至华北和西北。
○ **饮食宜忌**：适宜肠炎或痢疾患者。

食用部位：嫩叶 ▎**食法：用开水烫一下，再用清水浸洗后，炒食、凉拌、做汤或晒干菜**

別名：木通、羊开口、野木瓜
性味：性寒，味苦　　繁殖方式：播种、压条

大叶碎米荠

多年生草本，株高 30~100 厘米，匍匐状生长。须根呈纤维状。根状茎上有纵棱。叶片有 4~5 枚，呈椭圆形或卵状披针形，有叶柄。总状花序，开密集的淡紫色、紫红色或白色花，花瓣呈倒卵形，花丝则呈扁平状。

◐ 功效主治：嫩茎叶入药，具有疏风清热、利尿解毒、消肿补虚的功效，常用于辅助治疗虚劳内伤、头晕、体倦乏力、红崩、白带异常等症。

◐ 习性：一般生长在海拔 1600~4200 米的地区。

◐ 分布：四川、云南、贵州等地。

◐ 饮食宜忌：一般人群皆可食用，尤适宜浮肿、小便不利的患者，孕妇慎食。

茎生叶通常 4~5 枚，椭圆形或卵状披针形

总状花序多花，花瓣淡紫色、紫红色，倒卵形

食用部位：嫩茎叶、嫩苗　**食法：**嫩茎叶用沸水烫一下，再用清水冲洗，可炒食、凉拌或煮粥

別名：狗牙半支、石指甲、半支莲、瓜子草　　性味：性凉，味甘　　繁殖方式：分株、扦插

垂盆草

多年生草本，匍匐生长。茎节上易生根，拥有较细的不育枝，长 10~25 厘米。叶片为 3 叶轮生，呈倒披针形至长圆形，长 15~28 毫米，宽 3~7 毫米，叶端急尖，叶基急狭。

◐ 功效主治：嫩茎叶入药，其含有多种有效成分，可清热解毒、消肿利尿、排脓生肌。

◐ 习性：适应性极强，能适应各种气候环境和土壤环境。

◐ 分布：我国南北方均有。

◐ 饮食宜忌：脾胃虚寒者慎用。

3 叶轮生，叶倒披针形至长圆形，全缘

茎细，匍匐而节上生根

食用部位：嫩茎叶　**食法：**嫩茎叶择洗干净烫熟，捞出浸洗后，凉拌、炒食或做腌菜

别名：三妹木、假蓝根、碎蓝本
性味：性平，味苦　　繁殖方式：插条、分株、播种

美丽胡枝子

　　直立落叶灌木，株高1~2米，分枝较多。茎枝被有稀疏的柔毛。叶片呈椭圆形、长圆状椭圆形或卵形，叶端稍尖或稍钝，绿色，上被有稀疏的短柔毛。腋生总状花序，有时还会构成顶生圆锥花序，开红紫色花，花瓣近圆形。

多分枝，枝伸展

◎ 功效主治：嫩芽叶、花入药，具有清热凉血的功效。

◎ 习性：喜光，喜肥，较耐寒。

◎ 分布：河北、山西、山东、河南等省山区均有。

小叶椭圆形、长圆状椭圆形或卵形，稍被短柔毛

◎ 饮食宜忌：适宜肺热咯血、便血及扭伤、脱臼、骨折患者食用。

食用部位：幼嫩芽叶、花 | 食法：幼嫩芽叶洗净，沸水浸烫后换清水浸泡后可凉拌或炒食

别名：金丝荷叶、耳朵红、老虎草、石荷叶　　性味：性寒，味苦、辛　　繁殖方式：分株

虎耳草

　　多年生草本灌木、小乔木或藤本。叶片基生，呈心形、肾形至扁圆形，叶端圆钝或急尖，叶基则呈截形、圆形至心形；叶面为绿色，叶背则常为红紫色，有斑点，同时还被腺毛；此外，叶柄也较长。

基生叶具长柄，叶片近心形、肾形至扁圆形，有斑点，具掌状达缘脉序

◎ 功效主治：全草入药，具有疏风清热、凉血解毒的功效。虎耳草自古就是治疗中耳炎的常用药草，将鲜虎耳草捣汁后滴入耳内即可。还可治疗吐血、血崩、冻疮溃烂等症。

◎ 习性：喜阴凉潮湿环境，喜肥沃、湿润的土壤。

◎ 分布：华东、中南、西南等地区。

◎ 饮食宜忌：虎耳草性寒，孕妇慎食。

食用部位：嫩茎叶 | 食法：嫩茎叶洗净后放在沸水中烫熟，用清水浸洗后，用于凉拌或炒食

别名：黄瓜香、玉札、山枣子
性味：性微寒，味苦、酸、涩　　繁殖方式：播种、分根

地榆

多年生草本，株高 30~120 厘米，直立生长。茎上有棱，一般无毛，但有时基部也有稀疏的腺毛。羽状复叶基生，有小叶 4~6 对，叶片呈卵形或长圆状卵形，叶缘的锯齿粗大圆钝。宿存萼筒内有瘦果，呈倒卵状长圆形或近圆形。

○ **功效主治**：嫩叶、花穗入药，具有凉血止血、清热解毒、消肿敛疮的功效，可缓解吐血、咯血、便血、崩漏、湿疹、阴痒、水火烫伤、蛇虫咬伤等病症。

○ **习性**：喜温暖湿润气候，耐寒。

○ **分布**：全国大部分地区均有，主产于江苏、安徽、河南、河北、浙江等地。

○ **饮食宜忌**：虚寒性出血症者禁服，血虚有淤者慎服。

茎直立，有棱，无毛或基部有稀疏腺毛

小叶 4~6 对，卵形或长圆状卵形

瘦果倒卵状长圆形或近圆形

食用部位：嫩叶、嫩花穗　**食法**：用开水烫熟，再用清水浸泡，捞出后可凉拌、炒食或做馅

別名：红三叶、红花苜蓿、三叶草
性味：性平，味微甘　　繁殖方式：播种

红车轴草

多年生草本。茎直立或平卧上升，较粗壮，上有纵棱，无毛或有稀疏柔毛。掌状三出复叶，小叶呈倒卵形或卵状椭圆形，两面疏被柔毛，叶面常生有Ⅴ字形白色斑纹，小叶柄较短。球状或卵状花序顶生，蝶形小花密集，花冠紫红色至淡红色，旗瓣为狭长的匙形，龙骨瓣比翼瓣稍短。荚果呈卵形，一般内生1粒扁圆形的种子。

○ 功效主治：全草入药，具有清热凉血、抗菌消炎、祛痰止咳、宁心安神等功效，可用于辅助治疗风热感冒、痰多咳嗽、肺结核等症。外用可治痈肿疮毒及烧烫伤等症。

○ 习性：喜凉爽湿润，耐湿不耐旱，不耐热不耐寒，宜排水良好、土质肥沃的黏壤土。

○ 分布：全国各地。

○ 饮食宜忌：一般人群皆可食用，尤适宜百日咳及支气管炎患者。

茎直立或平卧上升，较粗壮

叶面常生有Ⅴ字形白色斑纹

花冠紫红色至淡红色

花序球状或卵状，顶生

食用部位：嫩茎叶　食法：凉拌、炒食、煮汤、做粥，生食不可过量，否则易中毒

别名：白花苜蓿、三消草、螃蟹花
性味：性平，味微甘　　繁殖方式：播种

白车轴草

　　短期多年生草本，匍匐生长。茎节上会生根。掌状复叶，叶片呈倒卵形至近圆形，中脉凸起。顶生球状花序，开20~50朵白、乳黄色或淡红色花，会散发香气，苞片呈披针形。

花序球形，顶生，苞片披针形，锥尖

掌状三出复叶，膜质，小叶倒卵形至近圆形

茎匍匐蔓生，节上生根

◎ **功效主治**：嫩茎叶入药，其含有天然植物性异黄酮素，能有效调节生理机能，帮助人体维持内分泌平衡。还有帮助抗微生物的化合物，可有效地帮助抵抗细菌、病毒所引发的传染病。

◎ **习性**：喜温暖湿润的气候。

◎ **分布**：东北、河北、华东、西南地区均有。

◎ **饮食宜忌**：更年期女性宜多食。

食用部位：嫩茎叶　**食法**：嫩茎叶用沸水烫一下，再用清水冲洗，可炒食、凉拌或煮粥

别名：鬼箭、六月凌、四面锋、蓖箕柴　　性味：性寒，味苦　　繁殖方式：播种

卫矛

　　常绿、半常绿或落叶灌木或小乔木，株高1~3米。叶片呈卵状椭圆形、窄长椭圆形或倒卵形，叶缘有细锯齿，无毛。聚伞花序，开黄绿色花，花瓣近圆形。种子呈椭圆状或阔椭圆状，种子被种皮包裹，种皮为褐色或浅棕色，假种皮为橙红色。

聚伞花序，黄绿色

叶卵状椭圆形、窄长椭圆形，边缘具细锯齿

◎ **功效主治**：嫩茎叶入药，可活血、消肿、止痛，用于治疗经闭、癥瘕、痛经、产后淤阻腹痛效果极好。

◎ **习性**：耐寒，耐阴，耐干旱、瘠薄。

◎ **分布**：东北、华北、西北至长江流域各地。

◎ **饮食宜忌**：适宜女性血淤者或风湿疼痛患者。孕妇忌用。

食用部位：嫩茎叶　**食法**：嫩茎叶在洗净、焯水、漂洗后，可凉拌、炒食或煲汤等

别名：指甲花、染指甲花、小桃红
性味：性温，味甘、微苦　　繁殖方式：播种

凤仙花

　　一年生草本，株高60~100厘米，直立生长。茎肉质肥厚，较粗壮。叶片互生，呈披针形、窄椭圆形或倒披针形，叶缘有较尖利的锯齿，一般无毛，但有时也被有稀疏的柔毛。单生或簇生，开白色、粉红色或紫色花。

⊃ 功效主治：全草入药，鲜草可缓解毒疮肿疼、毒虫咬伤；凤仙花可用来治疗闭经腹痛、产后淤血；种子具有解毒的功效，可通经、催产、祛痰。

⊃ 习性：性喜阳光，怕湿，耐热不耐寒。

⊃ 分布：南北各省均有。

⊃ 饮食宜忌：孕妇忌服。

茎粗壮，肉质，直立

花单生或2~3朵簇生于叶腋，白色、粉红色或紫色

叶互生，叶片披针形、狭椭圆形或倒披针形，边缘有锐锯齿

食用部位：嫩茎叶 ｜ 食法：嫩芽、嫩茎叶择洗后焯烫，再用清水漂净，凉拌或炒食

別名: 荆葵、钱葵、小钱花、棋盘花
性味: 性寒，味咸   繁殖方式: 扦插、压条

锦葵

　　二年生或多年生直立草本，株高 50~90 厘米。茎上被有稀疏的粗毛。叶片互生，呈圆形、心形或肾形，叶缘有圆齿，无毛，但有时叶脉上会被有稀疏的短糙伏毛。托叶呈卵形，叶端渐尖，叶缘有锯齿。开 3~11 朵紫红色或白色花，花瓣 5 枚，呈匙形。

花紫红色或白色，花瓣 5 枚，匙形，先端微缺

🔵 功效主治: 嫩茎叶入药，可缓解大小便不畅、淋巴结核、带下等症。

🔵 习性: 适应性较强，可任何土壤中存活，但最适宜沙质土壤。

🔵 分布: 全国各地均有。

🔵 饮食宜忌: 适宜泌尿疾病患者、产后恶露不止或腹痛者。

叶互生，叶圆心形或肾形

食用部位: 嫩茎叶 ｜ 食法: 春季采集嫩茎叶洗净，用开水烫后过冷水漂洗，用以凉拌或炒食

別名: 山西瓜秧、小秋葵、香铃草   性味: 性寒，味甘   繁殖方式: 嫁接

野西瓜苗

　　一年生直立或平卧草本。茎上的白色粗毛呈星状。二型叶，叶下部呈圆形，叶上部则为掌状深裂，裂片呈倒卵形至长圆形。开淡黄色花，但花内底部为紫色，花瓣 5 枚，呈倒卵形，花上的粗硬毛为星状，淡绿色的花萼则为钟形。

花单生于叶腋，花冠淡黄色，有紫心

🔵 功效主治: 全草入药，具有清热解毒、祛风除湿、止渴利尿的作用，另外，野西瓜苗还对风湿性关节炎、腰腿痛、关节肿大、四肢发麻有特殊的疗效。

🔵 习性: 抗旱、耐高温、耐风蚀、耐瘠薄。

🔵 分布: 江苏、安徽、河北、贵州、东北等地。

🔵 饮食宜忌: 尤适宜风热咳嗽或泄泻痢疾患者。

叶掌状，3~5 回深裂

食用部位: 嫩苗 ｜ 食法: 嫩苗洗净，以沸水焯熟后，换凉水浸泡 2~3 小时，凉拌、做汤均可

別名：千蕨菜、对叶莲、对牙草、铁菱角
性味：性寒，味甘　　繁殖方式：扦插、分株

千屈菜

多年生草本，株高 30~100 厘米，直立生长，分枝较多。茎为青绿色。叶片呈披针形或阔披针形，叶端圆钝或短尖，叶基为圆形或心形。顶生穗状花序，开红紫色或淡紫色花，花瓣 6 枚，呈倒披针状长椭圆形。

◎ 功效主治：全草入药，具有清热解毒、凉血止血的功效，适用于肠炎、痢疾、便血等症。

◎ 习性：喜温暖、湿润、通风良好且阳光充足的环境，耐寒性较强。

◎ 分布：我国南北各地均有。

◎ 饮食宜忌：一般人群皆可食用，尤适宜痛经或痢疾患者。孕妇慎食。

长穗状花序顶生，红紫色或淡紫色

茎直立，多分枝

叶对生或三叶轮生，披针形或阔披针形，全缘

食用部位：嫩茎叶　食法：嫩茎叶洗净后拌面蒸食，或入沸水焯烫后凉拌、炒食或做汤

別名：鸡肠菜、破钱草、千光草　　性味：性凉，味辛、微苦　　繁殖方式：走茎

天胡荽

多年生草本，匍匐生长。茎细长，且茎节能生根。叶片呈圆形或肾形，叶基为心形，叶缘有钝齿，叶面光滑无毛，叶背的叶脉上则有稀疏的伏毛，但有时两面都光滑，或都被柔毛。

◎ 功效主治：嫩茎叶入药，具有祛风清热、止咳化痰的功效，外用还可治湿疹、带状疱疹、出血等症。

◎ 习性：常生长在水边、林下及草地等较湿润处。

◎ 分布：全国大部分地区均有。

◎ 饮食宜忌：尤适宜黄疸、赤白痢疾、淋病、小便不利或目翳患者，性寒，孕妇慎食。

叶片膜质至草质，圆形或肾圆形，边缘有钝齿

食用部位：嫩茎叶　食法：春季采集嫩茎叶，去杂洗净后可烧食或做汤，也可焯熟后凉拌

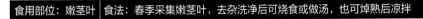

別名：对坐草、黄疸草

性味：性平，味淡　　繁殖方式：种子、播种

过路黄

多年生草本。茎匍匐生长，细长而柔弱，长 20~60 厘米，一般无毛，有时也被有疏毛。叶片对生，呈卵圆形、近圆形至肾形，叶端尖利或圆钝，叶基为截形至浅心形。花径从叶腋抽出，单生，开黄色花。

◎ 功效主治：嫩茎叶入药，具有清热解毒、散风、收敛止血、强心的作用。

◎ 习性：喜阴湿环境。

◎ 分布：江西、浙江、湖北、湖南、广西、贵州、四川、云南等地。

◎ 饮食宜忌：常与其他药物配伍，适宜黄疸初起、月经不调、面寒腹痛等症患者食用。

花单生叶腋，花冠黄色

茎柔弱，平卧延伸

叶对生，卵圆形、近圆形至肾圆形

食用部位：嫩苗叶　食法：嫩苗及未开花嫩叶用沸水稍浸烫后，换清水浸泡，炒食或做汤

別名：楼台草、玉容草，白花益母草　　性味：性平，味甘、辛　　繁殖方式：播种

錾菜

多年生草本，株高 60~120 厘米。茎呈四棱形，上有粗毛，绿色，有时也呈紫色。叶片对片生，呈卵圆形，叶缘有粗锯齿，叶面、叶背均有灰白色粗硬毛。腋生轮伞花序，开粉红色花，花瓣上还常带紫色条纹。

◎ 功效主治：全草入药，具有破血散血、滋阴补肾的功效，可缓解月经不调、闭经痛经、产后淤血痛、跌打损伤等症。

◎ 习性：喜阴，生于山坡、路边、荒地上。

◎ 分布：东北、华北、华中、华东及西南等地。

◎ 饮食宜忌：孕妇忌用。

轮伞花序腋生，花冠唇形，粉红色

茎四棱形，被粗毛，绿色

叶对生，卵圆形，边缘有粗锯齿

食用部位：嫩茎叶　食法：嫩叶洗净后用沸水浸烫，然后用水漂洗，凉拌、炒食或做汤皆可

连翘

　　落叶灌木。茎节间中空，并生有稀疏的皮孔，呈棕色、棕褐色或淡黄褐色。单叶对生，叶片呈卵形至圆形，绿色，光滑无毛。黄色花开于叶腋，单生或簇生，花萼为绿色，裂片呈长圆形或倒卵状长圆形。

◎ **功效主治：** 全草入药，具有抗菌、强心、利尿、止呕的作用，主治热病初起、风热感冒、咽喉肿痛、急性肾炎等症。

◎ **习性：** 喜光，耐寒，耐干旱，怕涝。

◎ **分布：** 辽宁、河北、河南、山东、江苏、湖北、江西、云南、山西、陕西、甘肃等地。

◎ **饮食宜忌：** 脾胃虚弱、气虚发热、痈疽已溃或脓稀色淡者忌服。

枝棕色、棕褐色或淡黄褐色，疏生皮孔

花冠黄色，裂片倒卵状长圆形或长圆形

单叶对生或为3枚小叶，长卵形、广卵形至圆形

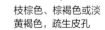

食用部位： 嫩茎叶　**食法：** 嫩茎叶烫熟后用清水浸泡1天，可凉拌、炒食、做汤或煮粥

别名：续断、白花菜、白花野芝麻
性味：性平，味微甘　　繁殖方式：茎插

野芝麻

　　多年生植物，株高达1米，直立生长，无分枝。茎上有4棱，且被粗毛。叶片对生，呈卵圆形或肾形，叶缘有粗齿。顶生轮伞花序，开白色或浅黄色花。淡褐色小坚果呈倒卵圆形，上端截形，下端渐窄。

◎ **功效主治：** 全草入药，具有凉血止血、利尿通淋、散淤消肿、调经利湿的作用，可缓解肺热咯血、痛经、月经不调、小儿虚热、跌打损伤、小便不利等症。

◎ **习性：** 喜稍阴环境。

◎ **分布：** 东北、华北、华东各地。

◎ **饮食宜忌：** 一般人群皆可食用，尤宜肺热咯血、血淋、月经不调、崩漏、水肿、白带异常、胃痛、小儿疳积、跌打损伤或肿毒患者。

叶对生，卵圆形或肾形，
边缘具粗齿

小坚果倒卵圆形，
淡褐色

茎直立，单一，
具4棱，披粗毛

轮伞花序着生于茎端，
花冠白或浅黄色

食用部位：嫩叶、花　　食法：嫩茎叶用沸水浸烫后再用清水漂洗，挤干水分后可配菜、配汤

别名： 白薯叶、甘薯叶、番薯叶
性味： 性微凉，味甘、涩　　**繁殖方式：** 扦插

红薯叶

　　一年生草本，分枝较多。根为圆形或纺锤形块根。茎可向上生长，也可平卧在地面，茎为绿色或紫色，并且上面有棱。叶片呈宽卵形，叶基为心形或近截形，有浓绿、黄绿、紫绿等各种绿色。腋生聚伞花序，开粉红色、白色、淡紫色或紫色花，花呈钟状或漏斗状。

◎ **功效主治：** 嫩叶入药，具有生津润燥、健脾宽肠、养血止血、补中益气的功效，还有提高免疫力、止血、降糖、解毒等保健功能。

◎ **习性：** 适用性强，耐旱、耐贫瘠。

◎ **分布：** 全国各地均有。

◎ **饮食宜忌：** 肠胃积滞者不宜多食。

地下具圆形或——
纺锤形块根

叶片宽卵形，有
浓绿、黄绿、紫
绿等色

茎平卧或上升，多分枝，
圆柱形或具棱

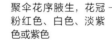

聚伞花序腋生，花冠——
粉红色、白色、淡紫
色或紫色

食用部位：叶尖 | **食法：** 采摘嫩叶的叶尖食用，洗净、焯水后，可凉拌、煲汤等

别名：千日菜、马耳草、竹菜
性味：性寒，味苦　　繁殖方式：播种、扦插

饭包草

多年生草本。茎上部向上生长，下部则匍匐生长，还被有稀疏的茸毛。叶片呈卵形，叶端圆钝或急尖，有叶柄。开蓝色花，花瓣呈圆形，总苞片呈漏斗状。

○ 功效主治：全草入药，具有清热解毒、利水消肿的作用。

○ 习性：常生长在海拔 2300 米以下的湿地，宜选择湿润而肥沃的低地。

○ 分布：河北以及秦岭、淮河以南各地区，特别是华东及长江流域以南各地。

○ 饮食宜忌：适宜小便不利者泡茶饮用。

花瓣蓝色，圆形

叶具明显叶柄，叶片卵形

食用部位：嫩茎叶　食法：嫩芽及未展开叶用沸水汆烫后，再用清水浸泡，炒食或者做汤

别名：野芫荽　　性味：性寒，味苦　　繁殖方式：播种、分株

直立婆婆纳

小草本，株高 5~30 厘米，直立生长。茎下部的叶片有短柄，中上部的叶片无柄；叶片呈卵形至圆形，叶缘有圆形钝齿，上面还被有硬毛。总状花序，开蓝紫色或蓝色花，裂片呈圆形至长圆形。

○ 功效主治：全草入药，具有凉血止血、理气止痛、补肾强腰、解毒消肿的功效，常用于治疗吐血、疝气、睾丸炎、白带异常等症。

○ 习性：生于高山草甸，喜光，耐半阴。

○ 分布：常见于华东、华中等地。

○ 饮食宜忌：脾胃虚寒者忌食。

花小，密集，花冠蓝紫色或蓝色

叶对生，披针形至卵圆形，具锯齿

茎直立上升

食用部位：嫩苗　食法：嫩苗洗净，用沸水烫熟后，再用清水浸泡半天去涩，可炒食或做汤

别名：苦菜、苦葵、天茄子、天茄苗儿

性味：性寒，味苦、微甘　　繁殖方式：播种

龙葵

一年生直立草本，株高 25~100 厘米。茎为绿色或紫色，一般无毛，但有时也稍被柔毛。叶片卵形，叶端短尖，叶基楔形至阔楔形，叶缘有不规则的波状粗齿，此外，表面光滑无毛。蝎尾状花序，开白色花。球形浆果，未熟时淡绿色，熟时黑色。

◎ **功效主治：** 嫩茎叶入药，具有 很强的活血解毒的功效，可缓解痔疮、尿路感染、肝炎、皮肤炎等症。

◎ **习性：** 喜温暖湿润的气候。

◎ **分布：** 全国各地均有。

◎ **饮食宜忌：** 适宜精神萎靡或多觉者或有湿疹等皮肤炎症者或癌症患者。

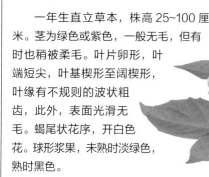

叶卵形，全缘或具粗齿

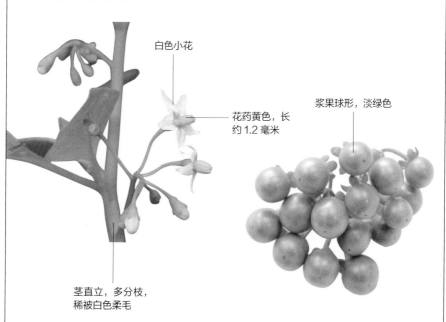

白色小花

花药黄色，长约 1.2 毫米

浆果球形，淡绿色

茎直立，多分枝，稀被白色柔毛

食用部位： 嫩叶　**食法：** 嫩茎叶用开水烫熟后挤干水分，凉拌或做饺子馅，也可炒食或凉拌

別名：拉拉藤、锯锯藤、细叶茜草
性味：性凉，味辛、苦　　繁殖方式：播种

猪殃殃

多枝、蔓生或攀缘状草本，株高30~90厘米。叶片轮生，呈带状倒披针形或长圆状倒披针形，常被刺状毛，无叶柄。腋生或顶生聚伞花序，开黄绿色或白色小花，裂片呈长圆形。

○ **功效主治**：全草入药，具有活血痛经、消炎清热的功效。

○ **习性**：喜湿润、土壤肥沃的环境。

○ **分布**：长江流域和黄河中下游各省区，东北、西北也有分布。

○ **饮食宜忌**：适宜感冒、牙龈出血、阑尾炎、闭经、痛经、乳腺炎初期等症患者食用。

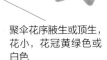

叶纸质或近膜质，倒披针形或长圆状倒披针形

聚伞花序腋生或顶生，花小，花冠黄绿色或白色

| 食用部位：嫩茎叶 | 食法：嫩茎叶在洗净、焯水并挤干水分后，凉拌、炒食或煲汤等 |

別名：细米草、急解索、半边花　　性味：性平，味甘　　繁殖方式：分株、扦插

半边莲

多年生草本，株高6~15厘米，直立生长，有分枝。茎细长而柔弱，并且茎节上能生根。叶片互生，呈椭圆状披针形至条形。开浅紫色花，从叶腋中抽出。

○ **功效主治**：全草入药，具有清热解毒、利水消肿、散结的作用。

○ **习性**：喜温暖湿润气候，怕旱，耐寒，耐涝。

○ **分布**：主产于安徽、江苏、浙江。此外，广东、广西、江西、四川等地亦产。

○ **饮食宜忌**：适用于毒蛇咬伤、咽喉肿痛、湿热黄疸、风湿痹痛、跌打损伤等症。

花通常1朵

叶互生，椭圆状披针形至条形

茎细弱，节上生根，分枝直立

| 食用部位：嫩茎叶 | 食法：嫩茎叶在洗净、焯水、漂洗后，凉拌、炒食或煲汤等 |

接骨木

　　高大草本或半灌木，株高1~2米。茎上长有棱条。叶片互生或对生，呈狭卵形，叶缘有细锯齿，顶部叶片则呈卵形或倒卵形。顶生复伞状花序，开白色花，被稀疏的黄柔毛。红色的果实近圆形，其表面还有疣状凸起。

◯ 功效主治： 全草入药，其含有黄酮类、酚性成分、鞣质、糖素等，具有祛风消肿、舒筋活络的作用。

◯ 习性： 喜凉爽、湿润的环境，虽能耐寒，但不耐涝，常长于路边、林边以及山野等地。

◯ 分布： 浙江、安徽、江西、湖北、湖南、福建、广东、广西、贵州、云南、四川等地。

◯ 饮食宜忌： 尤适宜咳嗽、淤血或闭经患者，多食易引起腹泻。

茎有棱条，髓部白色 ——

小叶2~3对，互生或对生，狭卵形，边缘具细锯齿

复伞形花序顶生，花冠白色

浆果球形，表面 —— 有小疣状突起

食用部位：幼芽、嫩叶 ｜ 食法：嫩茎叶在洗净后，可直接生吃，也可在焯水后，凉拌或炒食

别名：乌田草、墨旱莲、旱莲草
性味：性寒，味甘、酸　　繁殖方式：播种

鳢肠

　　一年生草本，株高达 60 厘米，直立生长。叶片呈长圆状披针形或披针形，叶端较尖，叶缘有细锯齿，密生硬糙毛，一般没有叶柄，但有时也有极短的叶柄。头状花序，开白色花，花梗细长，花冠管状。

● 功效主治：嫩茎叶入药，具有收敛止血、补肝益肾、排脓解毒的功效，可缓解肝肾不足、眩晕耳鸣、视物昏花、腰膝酸软、吐血等症。

● 习性：喜生于潮湿环境中，如河边、水田边。

● 分布：全国各地均有。

● 饮食宜忌：尤其宜肝肾不足、眩晕耳鸣、视物昏花或腰膝酸软患者。脾肾虚寒者慎服。

头状花序，具细长花梗，花冠白色

叶长圆状披针形或披针形，边缘有细锯齿

食用部位：嫩茎叶　食法：嫩茎叶洗净后用开水浸烫，再用清水漂洗后炒食或做汤

別名：波斯菊、秋樱、八瓣梅　　性味：性平，味甘　　繁殖方式：播种、扦插

秋英

　　一年生或多年生草本，株高 1~2 米。根呈纺锤状，须根较多。茎部一般无毛，但有时也稍被柔毛。叶片呈线形或丝状线形。头状花序，开紫红色、粉红色或白色的舌状花，花瓣呈椭圆状倒卵形。

● 功效主治：全草入药，具有清热解毒、利尿化湿的功效，常用于缓解急、慢性痢疾。

● 习性：喜温暖且阳光充足的环境，既不耐寒，又不耐热，但却能耐干旱贫瘠的土地。

● 分布：全国各地均有。

● 饮食宜忌：尤适宜慢性痢疾或目赤肿痛患者。脾胃虚寒者忌服。不可久服。

头状花序单生，舌状花紫红色、粉红色或白色

茎无毛或稍被柔毛

叶 2 回羽状深裂，裂片线形或丝状线形

食用部位：花朵、嫩茎叶　食法：嫩茎叶焯熟后用清水浸洗，做汤、凉拌、炒食或晒干菜

别名：金沸草、六月菊、鼓子花

性味：性微温，味苦、辛　　繁殖方式：播种、分株

旋覆花

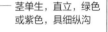

多年生草本，株高 30~70 厘米。茎为绿色或紫色，其上还有细纵沟。叶片互生，呈椭圆形或椭圆状披针形，叶端较尖，叶基稍窄，叶缘有细锯齿，绿色，被稀疏的糙毛。伞房花序，开黄色的舌状花。

◯ **功效主治**：全草入药，其含有蒲公英甾醇、槲皮素、异槲皮素等，可用于风寒咳嗽、痰多、呕吐等症，是中药里的祛痰佳品。

◯ **习性**：喜欢温暖、湿润的气候，适宜疏松肥沃、排水良好的沙质土壤或富含腐殖质的土壤。

◯ **分布**：主产于河南、河北、江苏、浙江、安徽等地。

◯ **饮食宜忌**：阴虚劳嗽或风热燥咳者禁服。

茎单生，直立，绿色或紫色，具细纵沟

疏散的伞房花序，舌状花黄色

叶互生，椭圆形、椭圆状披针形或窄长椭圆形

食用部位：嫩茎叶　**食法**：嫩茎叶洗净后用开水浸烫，再用清水漂洗后炒食或做汤

野菊

多年生草本，株高 25~100 厘米，有分枝。根茎粗壮肥厚，地下也长有匍匐茎。叶片互生，呈卵状三角形或卵状椭圆形，叶缘有锯齿。由头状花序组成聚伞状花序，开黄色小花，花瓣的边缘呈舌状。

◎ **功效主治：** 全草入药，具有清热解毒、疏风凉肝的功效，常用来治疗风热感冒、咽喉肿痛、高血压、淋巴结核、湿疹等症。

◎ **习性：** 喜凉爽湿润气候，耐寒。

◎ **分布：** 主产于江苏、四川、广西、山东等地。

◎ **饮食宜忌：** 经常有胃疼、腹痛等症状的脾胃虚寒或有其他虚寒之象者忌食。常人长期服用或用量过大，可伤脾胃阳气，出现胃部不适、胃纳欠佳、肠鸣、大便稀烂等胃肠道反应。

根茎粗厚，分枝，有地下长或短匍匐茎

叶互生，卵状三角形或卵状椭圆形，羽状分裂

头状花序聚伞状，花小，黄色

野菊花晒干后可用来泡茶，具有清肝明目、解郁疏肝之效

食用部位： 幼嫩叶　**食法：** 嫩叶用沸水烫熟后洗净，用来做汤、做馅、凉拌、炒食或晒干菜

别名：苦苣菜、苦麻菜、苣荬菜
性味：性寒，味苦　　繁殖方式：播种

苦菜

一年生草本，株高 9~60 厘米，直立生长。茎上有棱。叶片互生，呈长椭圆状广披针形，叶端圆钝或急尖，叶基则环抱茎部，叶缘有稀疏的锯齿。顶生总状花序，开白或黄色花，花瓣呈长圆状倒卵形。

总状花序顶生，花白色或黄色

叶互生，长椭圆状广披针形，边缘具疏齿

◎ 功效主治：全草入药，具有清凉解毒、消炎、利尿、凉血止血的功效，常用于治疗肠炎、盲肠尾炎、急慢性结肠炎、眼结膜炎等症。

◎ 习性：抗寒耐热，适应性强。

◎ 分布：中国北部、东部和南部。

◎ 饮食宜忌：脾胃虚寒者忌食，适宜肠炎、盲肠炎、产后腹痛或眼结膜炎患者。

食用部位：嫩芽｜食法：嫩茎叶在焯水、浸泡后，凉拌或炒食，注意需清水浸泡约 1 小时

别名：假蒟、臭蒌、山蒌　　性味：性温，味辛　　繁殖方式：播种

假蒌

灌木或亚灌木。茎上部或向上生长，或攀缘在他物上生长，基部则匍匐在地面，茎节还呈膨大状。叶片互生，呈阔卵形或近圆形。穗状花序，开小花。青涩浆果呈桑葚状。

叶互生，近膜质，阔卵形或近圆形

◎ 功效主治：嫩茎叶入药，具有温中散寒、祛风利湿、清热解毒、消肿止痛的功效，可缓解胃肠疼痛、跌打损伤、妊娠水肿等症。

◎ 习性：适宜在半阴的环境下生长。

◎ 分布：福建、广东、广西、云南、贵州及西藏各省区。

◎ 饮食宜忌：一般人群皆可食用，尤适宜胃痛、风寒咳嗽、牙痛或风湿骨痛患者。孕妇慎食，实热郁火或阴虚火旺者均忌服。

食用部位：嫩茎叶、果实｜食法：嫩茎叶在沸水中焯熟后可炒食、凉拌，晒干后可泡茶饮

別名：忽布、蛇麻花、酵母花、酒花

性味：性微凉，味苦　　繁殖方式：扦插、根茎、分株

啤酒花

　　多年生攀缘草本。除叶片外，整株植物都生有茸毛和倒钩刺。叶片呈卵形或宽卵形，叶端急尖，叶基呈心形或近圆形，叶缘有粗锯齿，叶面则被小刺毛。雌雄同株；雌花排列成穗状花序；雄花排列成圆锥花序，雄蕊为 5；花期为 7~8 月。果实光滑无毛，但上面有油点；内藏扁平状瘦果；果期 9~10 月。

◯ 功效主治：雌花药用，具有健胃消食，利尿安神的功效。

◯ 习性：喜欢冷凉的环境，虽对土壤没有特殊要求，但最好是土层深厚、疏松　肥沃的土壤。

◯ 分布：东北、华北及山东、新疆北部。

◯ 饮食宜忌：适宜麻风病、肺结核、痢疾、消化不良、腹胀、浮肿、失眠患者食用。易过敏体质忌食。

茎呈藤状缠绕，有分枝，表面生有茸毛

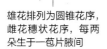

雄花排列为圆锥花序，雌花穗状花序，每两朵生于一苞片腋间

叶卵形或宽卵形，先端急尖，基部心形或近圆形，有分裂和不分裂两种

食用部位：嫩叶　食法：嫩叶洗净，入沸水焯熟，再用清水洗净加油盐拌匀即可

远志

多年生草本，株高 20~45 厘米，丛生。根粗壮肥厚，呈圆柱形，淡黄白色，长达 40 厘米，还长有少量侧根。分枝多集中在茎上部。叶片互生，呈线形或线状披针形，叶端渐尖，叶基渐窄，一般无叶柄。总状花序，开淡蓝紫色花；花梗细弱，苞片小而易脱落；花期 5~7 月。棕黑色的种子呈微扁的卵形，表面还有白色的细茸毛，果期 7~9 月。

◐ **功效主治：**根入药归心、肾、肺经，具有安神、祛痰、益智、解郁之效。

◐ **习性：**适宜生长在海拔 200~2300 米的地区。

◐ **分布：**东北、华北、西北和华中地区。

◐ **饮食宜忌：**惊悸、多梦、失眠及更年期综合征患者宜食。

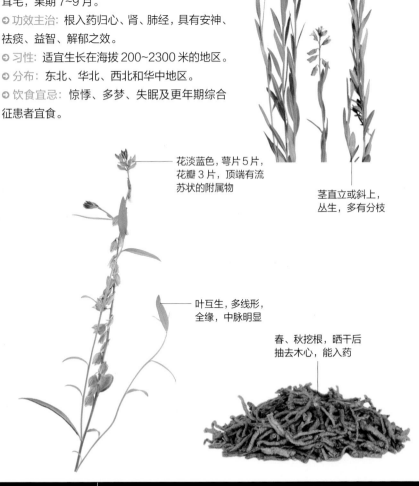

花淡蓝色，萼片 5 片，花瓣 3 片，顶端有流苏状的附属物

茎直立或斜上，丛生，多有分枝

叶互生，多线形，全缘，中脉明显

春、秋挖根，晒干后抽去木心，能入药

食用部位：嫩茎叶、根　食法：嫩茎叶焯烫后可凉拌，根煮熟去心，可炒食

別名：待霄草、山芝麻、野芝麻
性味：性温，味甘、苦　　繁殖方式：播种、扦插

月见草

　　二年生粗壮草本，株高 50~200 厘米。叶片基生，整体呈莲座状，叶片呈倒披针形，叶端尖利，叶基呈楔形，叶缘生有稀疏的浅钝齿。穗状花序，开黄色花，花瓣 4 枚，呈宽倒卵形，花管为黄绿色，只有在开花时略带红色。

● 功效主治： 全草入药，有祛风湿、强筋骨、活血通络、息风平肝、消肿敛疮的功效，可缓解风寒湿痹、筋骨酸软、中风偏瘫、湿疹、痛经等症。

● 习性： 适应性极强，耐旱，耐贫瘠，耐盐碱，能适应沙土、黄土、河滩地、轻盐碱地等多种土壤。

● 分布： 东北、内蒙古、华北、华东、中南、西南等地。

● 饮食宜忌： 一般人群皆可食用，尤适宜湿疹、中风偏瘫、风湿麻痹、腹痛泄泻、痛经或月经不调等患者。

茎高，不分枝或分枝

花瓣 4，黄色，宽倒卵形

基生叶倒披针形，边缘疏生浅钝齿

食用部位：嫩茎叶　食法：春季采集嫩茎叶，用沸水焯熟后可凉拌、炒食，也可做馅

别名：怀香、香丝菜、茴香
性味：性温，味辛　　繁殖方式：播种

小茴香

一年生草本，株高 40~200 厘米，直立生长，分枝较多。茎为灰绿色或苍白色，其上光滑无毛。叶片呈阔三角形，有 4~5 回羽状全裂。顶生或侧生复伞状花序，开 14~39 朵黄色花，花瓣呈倒卵形或近倒卵圆形，花柄纤细、柔弱。黄绿色的果实呈长圆形，表面有 5 条主棱。

◎ 功效主治：全草入药，具有开胃进食、理气散寒、有助阳道的功效，可缓解食欲减退、恶心呕吐、腹部冷痛、疝气、脾胃气滞等症。

◎ 习性：喜温暖的环境，耐旱，但不耐涝，适宜土层深厚、排水性好的沙质土壤或轻沙土壤。

◎ 分布：全国各地均有。

◎ 饮食宜忌：性燥热，较适合虚寒体质者食之，每次食用的量也不宜过多。有实热或阴虚火旺者不宜食用。

茎直立，光滑，灰绿色或苍白色，多分枝

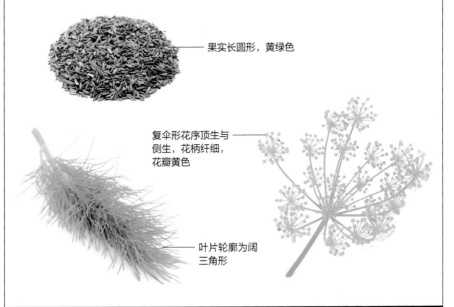

果实长圆形，黄绿色

复伞形花序顶生与侧生，花柄纤细，花瓣黄色

叶片轮廓为阔三角形

食用部位：嫩苗、果实 ｜ 食法：嫩苗可做馅，加以猪肉包饺子或包子。果实可做调味品

別名：莱、蔓华、蒙华、红落藜　　性味：性平，味甘　　繁殖方式：播种

藜

一年生草本。全草黄绿色。茎上有棱。叶片呈菱状卵形至宽披针形，叶面上半部为黄绿色，下半部为灰黄绿色，表面被粉，叶缘有不规则锯齿，有长约 3 厘米的叶柄。腋生或顶生圆锥花序，开黄绿色小花。

◑ 功效主治：嫩叶入药，具有清热利湿、杀虫解毒的功效，常用于治疗痢疾、腹泻、湿疮痒疹、毒虫咬伤等症。

◑ 习性：喜光，生长于海拔 50~4200 米的地区。

◑ 分布：全国各地均有。

◑ 饮食宜忌：一般人群皆可食用，尤适宜痢疾、腹泻、湿疮痒疹或毒虫咬伤患者。

圆锥花序腋生或顶生，花小，黄绿色

叶片皱缩破碎，完整者展平，呈菱状卵形至宽披针形

食用部位：嫩叶 ｜ 食法：嫩叶焯熟后换清水浸泡半天，凉拌、炒食、炖汤或蒸食都可

別名：中红藜、灰藋、赤藜、红藜　　性味：性平，味甘　　繁殖方式：播种

红心藜

一年生草本，株高 30~150 厘米，直立生长。茎干粗壮。叶片呈菱状卵形至宽披针形，叶端急尖或微钝，叶基呈楔形至宽楔形，叶面一般不被粉，但有时嫩叶叶面的上半部被有紫红色粉，叶缘有不规则锯齿。

◑ 功效主治：嫩叶入药，具有祛湿解毒、杀虫止痒的功效，常用于缓解风热感冒、肺热咳嗽、荨麻疹、湿疹等症。

◑ 习性：分布温带及热带，生于路旁、荒地及田间。

◑ 分布：全国各地均有。

◑ 饮食宜忌：一般人群皆可食用，尤适宜疮疡、肿毒、疥癣、肤痒、痔疾或便秘患者。

叶片菱状卵形至宽披针形，边缘具不整齐锯齿

食用部位：嫩茎叶、花穗 ｜ 食法：嫩茎叶和花穗可代替蔬菜食用，炒食、煲汤等皆可

龙芽草

　　多年生草本，株高 30~120 厘米。块状根会长出许多侧根。茎被稀疏的短柔毛。叶片为间断的奇数羽状复叶，有 3~4 对小叶，叶片呈倒卵形、倒卵椭圆形或倒卵披针形。顶生穗状花序，开黄色花，花瓣呈长圆形。

◯ **功效主治：** 嫩茎叶入药，其含有多种营养成分，可为人体提供丰富的钙质、胡萝卜素和维生素 C，有利于增强体质、提高人体免疫力。

◯ **习性：** 喜温暖、湿润的环境，能耐半阴，一般生长在林下、灌丛中以及水沟边等处。

◯ **分布：** 全国各地均有。

◯ **饮食宜忌：** 一般人群皆可食用，尤适宜妇女月经不调、红崩白带、胃寒腹痛、赤白痢疾、吐血或咯血患者。

叶为间断奇数羽状复叶，通常有小叶 3-4 对，稀 2 对

花序穗状顶生，花瓣黄色

茎高 30~120 厘米

食用部位： 嫩茎叶　　**食法：** 入沸水焯熟，再放入凉水中漂洗，炒食、凉拌或蘸酱食

別名：地米菜、菱闸菜、净肠草

性味：性微寒，味甘、淡　　繁殖方式：播种

荠菜

一年生或二年生草本，株高 10~50 厘米，直立生长。茎不分枝，或在中下部稍分枝。叶片基生，为羽状分裂，丛生呈莲座状，顶部裂片呈卵形至长圆形，侧裂片则呈长圆形至卵形，叶缘有锯齿，整个叶片呈莲座状。顶生或腋生总状花序。

◉ 功效主治：嫩苗入药，具有和脾、利水、止血、明目的功效，常用于辅助治疗产后出血、痢疾、水肿、肠炎、胃溃疡、感冒发热、目赤肿疼等症。

◉ 习性：喜温，耐寒力强，对土壤的选择不严。

◉ 分布：全国各地均有。

◉ 饮食宜忌：患有目疾、疮病、热感冒等病症或体弱者不宜食用。便溏者慎食。

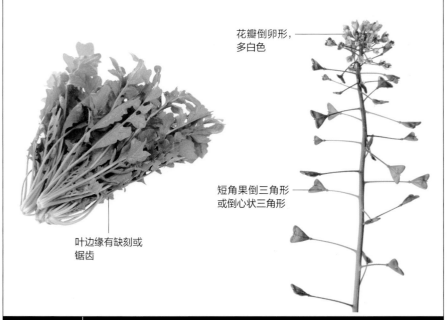

地下根系发达，地上茎叶多匍匐地面，呈莲座状

花瓣倒卵形，多白色

短角果倒三角形或倒心状三角形

叶边缘有缺刻或锯齿

食用部位：嫩叶　食法：嫩叶在沸水中焯熟，用清水浸泡后可炒食、凉拌、做菜馅或菜羹

別名：蕨麻、鸭子巴掌菜
性味：性平，味甘　　繁殖方式：播种

鹅绒委陵菜

多年生草本，匍匐生长，植株平铺在地面上似网状。根部含有丰富的淀粉。叶片基生，为羽状复叶，有 15~17 枚小叶，叶片呈长圆状倒卵形、长圆形，叶缘有尖锯齿，没有叶柄。顶生聚伞花序，开鲜黄色花。

◎ 功效主治：嫩苗入药，具有清热解毒、健脾益胃、生津止渴、收敛止血的功效。

◎ 习性：喜潮湿环境，耐寒、耐旱、耐半阴。

◎ 分布：全国各地均有。

◎ 饮食宜忌：一般人群皆可食用，尤适宜疟疾、痢疾或疥疮患者。

花鲜黄色，单生于由叶腋抽出的长花梗上

叶丛直立状生长，羽状复叶，长圆状倒卵形、长圆形

食用部位：嫩茎叶、根块 | **食法：嫩茎叶用沸水焯一下，再用冷水浸泡后可炒食。块根可煮粥**

别名：火箭生菜、紫花南芥　　性味：性微寒，味甘、平　　繁殖方式：播种

芝麻菜

一年生草本，株高 20~90 厘米，直立生长。茎的分枝常集中在上半部。叶片基生，一般为羽状分裂，也有少数不分裂的，顶部裂片呈近圆形或短卵形，叶缘有细齿，侧裂片则呈卵形或三角状卵形。总状花序。长角果呈圆柱形。

◎ 功效主治：嫩苗入药，具有清热止血、清肝明目的功效。

◎ 习性：喜冷凉、湿润的环境，适应性较强，耐旱、耐涝、耐寒、耐盐碱。

◎ 分布：河北、黑龙江、山西、辽宁等地。

◎ 饮食宜忌：一般人群皆可食用，尤适宜胃溃疡、痢疾、肠炎、腹泻、呕吐或目赤肿痛患者。肺虚咳嗽或脾肾阳虚水肿者忌服。

顶裂片近圆形或短卵形，有细齿，侧裂片卵形或三角状卵形

基生叶及下部叶大头羽状分裂或不裂，全缘

食用部位：嫩茎叶、花蕾 | **食法：适合炒食、煮汤或凉拌。种子可以用来榨油**

紫蓼

　　多年生草本，株高达1米，直立生长。茎为棕褐色，茎节呈膨大状。叶片呈披针形，叶端渐尖，叶面、叶背被伏毛，上面还有细小腺点。穗状花序，开白色或淡红色花，一般开4~6朵。黑色瘦果呈卵圆形，外表光滑无毛。

穗状花序，白色或淡红色

叶披针形，先端渐尖

🔵 **功效主治**：幼苗入药，具有利尿、抗病毒、防止血栓形成、淡化色斑、抗衰防皱、提高免疫力、延缓衰老、保护心脏、肝脏的功效。

🔵 **习性**：生于水沟边、山坡及湿润地。

🔵 **分布**：江苏、安徽、浙江、福建、四川、湖北、广东、台湾等地。

🔵 **饮食宜忌**：适宜肾亏体亏者、中老年保健者、抵抗力低下者或病后调理者。

食用部位：幼苗、嫩茎叶　**食法**：嫩茎叶在洗净、焯水、漂洗后，可凉拌、炒食等

满天星

　　多年生草本，株高30~80厘米，直立生长，分枝较多。根部较粗壮。叶片呈披针形或线状披针形，叶端渐尖。圆锥聚伞花序，开白色或淡红色花，花瓣呈匙形。球形蒴果分裂4瓣。

圆锥状聚伞花序多分枝，疏散，花瓣白色或淡红色

🔵 **功效主治**：嫩茎叶入药，具有清热利尿、化痰止咳、祛淤消肿的功效，常用于缓解急性黄疸型肝炎、小便不利、尿路结石疹等症。

🔵 **习性**：喜温暖、湿润且光照充足的环境，适应性较强，耐寒，耐阴，耐旱。

🔵 **分布**：甘肃、山西、河南等地。

🔵 **饮食宜忌**：适宜黄疸型肝炎、急性肾炎、百日咳、尿路结石或脚癣患者。

食用部位：嫩茎叶　**食法**：嫩茎叶焯熟后换水浸洗，加入油盐调拌食用，也可炒食或腌制

■ **别名：**小鬼叉
性味：性平，味苦　　**繁殖方式：**播种

小花鬼针草

　　一年生草本，株高 20~90 厘米。茎部一般无毛，但有时也被稀疏的短柔毛。叶为 2~3 回羽状分裂，叶片对生，叶端尖锐，叶缘则稍卷曲，叶上部被短柔毛，下部一般无毛，只有少数在叶脉周围被稀疏的柔毛。小花黄色。

◎ **功效主治：**嫩茎叶入药，具有清热解毒、止血止泻、散淤消肿的功效，常用于缓解感冒发热、咽喉肿痛、痔疮、跌打损伤、毒蛇咬伤等症。

◎ **习性：**喜温暖湿润的气候。以疏松肥沃、富含腐殖质的沙质土壤及黏土栽培为宜。

◎ **分布：**东北、华北、河南、江苏、陕西等地。

◎ **饮食宜忌：**一般人群皆可食用，孕妇忌服。

头状花序具长梗，小花黄色

叶对生，边缘稍向上反卷

食用部位：嫩茎叶	食法：先用沸水烫过，再用清水漂洗，可凉拌、炒食或晒干菜

■ **别名：**郎耶菜、乌阶、郎耶草　　**性味：**性平，味苦、甘　　**繁殖方式：**播种

狼把草

　　一年生草本。叶为 3~5 回羽状分裂，叶片对生，呈椭圆形或长椭圆状披针形，叶缘有锯齿，叶柄长有狭翅，叶面则光滑无毛。顶生或腋生头状花序，开黄色花，花则为两性管状花。

◎ **功效主治：**嫩茎叶入药，具有清热解毒、养阴敛汗的功效，常用于缓解感冒、扁桃体炎、肝炎、痢疾、肺结核等症。

◎ **习性：**喜酸性至中性土壤，也能耐盐碱，适生于低湿地。

◎ **分布：**华北、华东、西南、东北等地。

◎ **饮食宜忌：**一般人群皆可食用，尤适宜感冒、扁桃体炎、肠炎、痢疾或肝炎患者。

头状花序顶生或腋生，花黄色

叶对生，椭圆形或长椭圆状披针形，边缘有锯齿

食用部位：嫩茎叶	食法：食用时先用沸水烫过，再用清水漂洗，去苦味，可凉拌或炒食

别名: 鬼钗草、三叶鬼针、三叶鬼针草
性味: 性温，味苦　　繁殖方式: 播种

鬼针草

一年生草本，直立生长。叶片呈椭圆形或卵状椭圆形，叶端尖锐，叶基近圆形或呈阔楔形，叶缘有锯齿，叶柄较短柄。头状花序，花为管状两性花。

◐ 功效主治: 嫩茎叶入药，具有清热解毒、活血散淤的作用，可治疗毒蛇咬伤、痔疮、跌打损伤等症。

◐ 习性: 喜温暖、湿润且阳光充足的环境，适宜疏松肥沃、排水良好且富含腐殖质的沙土或黏土。

◐ 分布: 华东、华中、华南、西南各省区。

◐ 饮食宜忌: 适宜蛇咬伤、跌打损伤、阑尾炎、痔疮或慢性溃疡患者。孕妇忌服。

头状花序，无舌状花，盘花筒状

叶片披针形或卵状披针形

食用部位: 嫩茎叶 ｜ 食法: 入沸水焯烫后洗净，可凉拌、炒食或晒干菜，还可泡茶饮

别名: 黄花曲草、清明菜、田艾　　性味: 性平，味甘　　繁殖方式: 播种

鼠曲草

一年生草本，株高一般为10~40厘米，还可更高，直立生长，或稍斜。叶片呈匙状倒披针形或倒卵状匙形，叶基渐狭，叶端圆钝，叶面、叶背均被白色绵毛。头状花序，开黄色花，花冠呈细管状。

◐ 功效主治: 全草入药，有化痰、止咳、驱寒的功效，常用于改善咳嗽痰多、气喘、腹泻、感冒风寒等症。

◐ 习性: 生于田埂、荒地、路旁。

◐ 分布: 全国大部分地区有。主产于江苏、浙江、福建等地。

◐ 饮食宜忌: 适宜常年风湿、咳嗽或痰多者或妇女白带量多且色黄者食用。

头状花序较多或较少数，花冠细管状，黄色

茎直立或基部发出的枝下部斜升

叶无柄，匙状倒披针形或倒卵状匙形

食用部位: 嫩茎叶 ｜ 食法: 嫩叶洗净后煮开，捞出沥干，待其发霉后会发出特有的香味

别名：女菀、野蒿、治疟草

性味：性凉，味苦　　繁殖方式：播种

一年蓬

　　一年生或二年生草本，株高 30~100 厘米，直立生长。茎部较粗壮，颜色为绿色。叶片呈长圆形、宽卵形或长圆状披针形，叶端尖锐，叶缘为不规则齿状。圆锥花序，由头状花序排列而成，花瓣为白色，有时为淡天蓝色，呈舌状，管状花为黄色。

◐ **功效主治**：嫩茎叶入药，具有清热解毒、助消化的功效，常用于缓解消化不良、肠炎腹泻、尿血、肝炎等症。

◐ **习性**：喜温暖、湿润且光照充足的环境，耐旱、耐贫瘠，但常生长在向阳的山坡。

◐ **分布**：全国各地均有分布。

◐ **饮食宜忌**：适宜消化不良或肠炎痢疾患者。

头状花序数个或多数，排列成疏圆锥状

叶长圆形、宽卵形或长圆状披针形，顶端尖

舌状花白色，有时为淡天蓝色，管状花黄色

食用部位：嫩茎叶　**食法**：用沸水烫过，再用清水漂洗，去苦味，可凉拌、炒食或晒干菜

花椒

落叶小乔木，株高 3~7 米。叶片对生，呈卵形或椭圆形，叶缘有细裂齿，没有叶柄。花序顶生或侧生，有 6~8 枚黄绿色的花被片，花序轴和花梗上被有浓密的短柔毛，但有时也无毛。红色或紫红色蓇葖果上有少量凸起的油点。

❍ 功效主治：嫩叶、果实入药，有止痛、杀虫的作用。

❍ 习性：抗旱性较强，不宜栽植在低洼地带。

❍ 分布：长江以南及河南、河北等地。

❍ 饮食宜忌：适宜寒积、霍乱转筋、脚气、漆疮或疥疮患者。孕妇或阴虚火旺者忌食。

小叶 5~13 枚，对生，卵形、椭圆形，叶缘有细裂齿

果实呈球形，绿豆般大小

果实成熟后为红色或紫红色，散生微凸起的油点

食用部位：嫩叶、果实　食法：嫩叶焯熟后浸泡，加入油、盐凉拌。果实炖菜时用来调味

别名：游龙、红龙、天蓼、荭草

性味：性平，味辛　　繁殖方式：播种

红蓼

　　多年生宿根草本花卉，株高达 3 米，直立生长。茎部中空，外有茎节。叶片呈宽卵形、宽椭圆形或卵状披针形，叶面、叶背均被粗毛，上面还分布有腺点。顶生或腋生总状花序，开淡红色或玫瑰红色小花，呈下垂状。

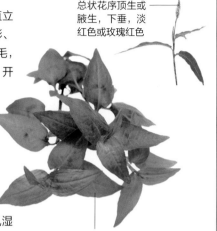

总状花序顶生或腋生，下垂，淡红色或玫瑰红色

⊙ **功效主治**：嫩叶入药，有活血止痛、利尿除湿、清热解毒等功效，可辅助治疗风湿痹痛、痢疾、水肿、蛇虫咬伤等疾病。

⊙ **习性**：喜温暖湿润的环境，土壤要求湿润、疏松。

⊙ **分布**：除西藏外，广布于全国其他地区。

⊙ **饮食宜忌**：一般人群皆可食用，尤适宜风湿痹痛、痢疾、吐泻转筋、水肿或脚气患者。

叶宽卵形、宽椭圆形或卵状披针形

食用部位：嫩叶 | **食法：嫩茎叶在洗净、焯水、漂洗后，可凉拌、炒食或蒸食等**

别名：辣蓼、虞蓼、蔷蓼、蔷虞　　性味：性平，味辛　　繁殖方式：根茎分株、播种

水蓼

　　一年生草本，株高 20~80 厘米，直立生长，但有时茎基部也呈匍匐生长状。红紫色的茎光滑无毛，茎节呈膨大状，上面还长有须根。叶片互生，呈椭圆状披针形，叶端渐尖，叶面有腺点，一般无毛，但有时叶脉及叶缘处也有少量小刺状毛。

叶互生，呈椭圆状披针形

⊙ **功效主治**：嫩茎叶入药，具有行滞化湿、散淤止血、祛风止痒、清热解毒的功效。主治脘闷腹痛、泄泻、崩漏、经闭、跌打损伤、便血、湿疹等症。

⊙ **习性**：喜温暖、水湿、光强的环境，不耐寒。

⊙ **分布**：全国各地均有。

茎直立或下部伏地，红紫色，无毛

⊙ **饮食宜忌**：不可过量使用，女性月经期不宜食用。

食用部位：茎叶 | **食法：嫩茎叶在洗净、焯水、漂洗后，可凉拌、炒食或蒸食等**

别名：草红花、红蓝花、刺红花
性味：性温，味辛　繁殖方式：播种

红花

　　一年生草本，株高 20~100 厘米，直立
生长。茎枝光滑无毛，颜色为白色或淡白色，
分枝多集中在茎上部。叶片呈披针形或长椭圆
形，叶缘有锯齿，齿端有针刺，叶片则很少
为羽状深裂。头状花序构成伞房花
序，花序被苞叶包围，苞叶的边缘
有针刺，开红色、橘红色花，花
期为 6~7 月。乳白色的瘦果呈倒
卵形，上面共有 4 棱。

◆ 功效主治：花入药，具有活血通
经，散淤止痛的功效，可辅助治疗经闭、
痛经、恶露不绝、淤滞腹痛、跌打损伤等症。

◆ 习性：喜温暖、干燥的环境，耐寒、耐贫瘠，
适宜疏松肥沃、排水良好的沙质土壤，尤喜油
沙土和紫色夹沙土。

◆ 分布：河南、湖南、四川、新疆、西藏等地。

◆ 饮食宜忌：红花与藏红花性味不同，药效也
不相同。孕妇忌食。

茎直立，基部木质化，
上部多分枝

叶质地坚硬，革质，
两面无毛、无腺点，
有光泽，基部无柄，
半抱茎

花为红色、橘红色，
可晒干泡茶，具有
活血化淤之效

食用部位：嫩叶　食法：嫩叶清洗干净，焯熟后凉拌、炒食、做馅、煮粥均可

别名：益母蒿、益母艾、红花艾
性味：性凉，味辛、苦　　繁殖方式：播种

益母草

　　一年生或二年生草本，株高 30~120
厘米，直立生长，分枝较多。茎部呈钝四
棱形，上面稍有凹槽。叶为掌状 3 回分裂，
叶片呈呈长圆状菱形至卵圆形。腋生
轮伞花序，开粉红色至淡紫红色花，
一般为 8~15 朵。淡褐色小坚果呈长圆状
三棱形，外表光滑无毛。

◎ **功效主治：** 嫩茎叶入药，能祛淤生新、活血
调经，含有硒、锰等多种微量元素，能抗氧化、
防衰老，具有相当不错的益颜美容、抗衰防老
的功效。

◎ **习性：** 喜温暖湿润的气候，喜阳光，以较肥
沃的土壤为佳。

◎ **分布：** 全国各地均有。

◎ **饮食宜忌：** 孕妇禁用，无淤滞或阴虚血少者
忌用。

叶轮廓变化很大，
掌状 3 回分裂

轮伞花序腋生，
具 8~15 花，花冠
粉红至淡紫红色

茎直立，微具槽，
多分枝

食用部位：嫩茎叶　　食法：嫩茎叶在洗净、焯水、漂洗后，可凉拌或炒食

别名：铁色草、大头花、棒柱头花
性味：性寒，味苦、辛　　繁殖方式：播种

夏枯草

多年生草本植物，株高达 30 厘米，匍匐生长。分枝多集中在茎基部，为浅紫色。叶片呈卵状长圆形、狭卵状长圆形或卵圆形。轮伞花序构成假穗状花序，开紫色、蓝色或红紫色花，花萼呈钟形。

功效主治：嫩叶入药，具有清肝、散结、利尿的功效，主治乳痈、目痛、黄疸、淋病、带下、产后血晕等症。

习性：喜温暖、湿润的环境，生长范围较广。

分布：全国各地均有分布。

饮食宜忌：脾胃虚弱者慎服。夏枯草性寒，不宜长期大量服用。

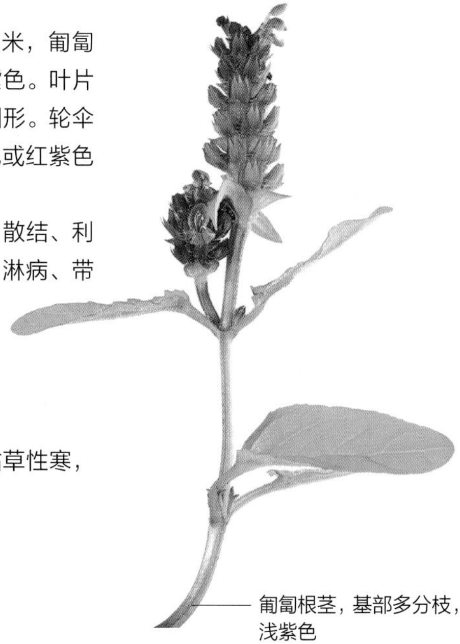

匍匐根茎，基部多分枝，浅紫色

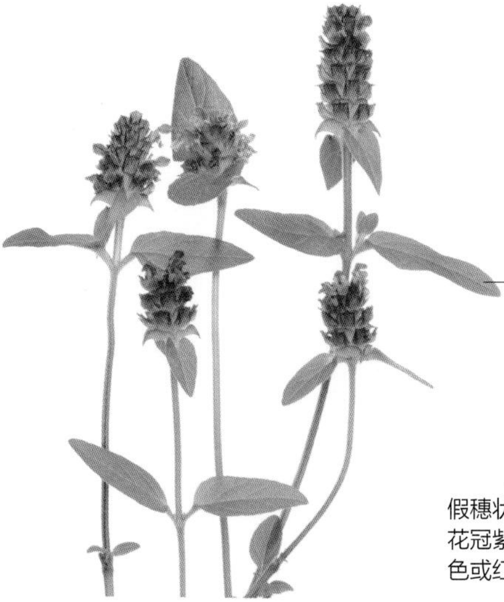

叶卵状长圆形、狭卵状长圆形或卵圆形

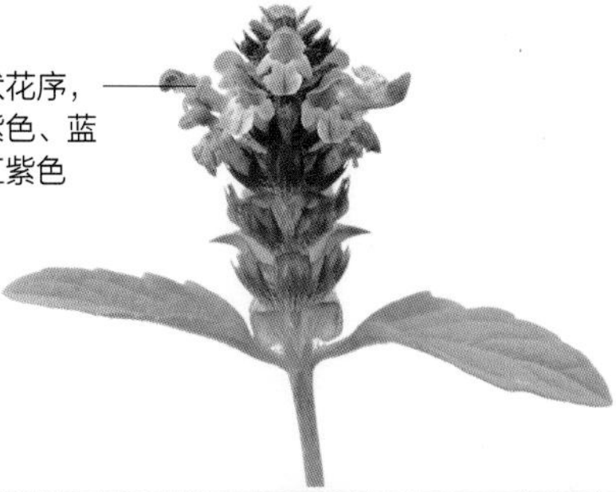

假穗状花序，花冠紫色、蓝色或红紫色

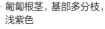

食用部位：嫩叶 | **食法**：嫩叶在沸水中焯熟后可凉拌、炒食、熬粥或煮汤，也可用来泡酒

水苦荬

　　一年生或二年生草本，株高 25~90
厘米，直立生长。整个植株光滑
无毛。肉质茎中空，只是有时茎基
部会稍斜。叶片对生，呈长圆状披针
形或长圆状卵圆形，叶端圆钝或尖锐，
叶缘有波状齿。腋生总状花序，开淡紫色或
白色花。

○ 功效主治：嫩叶入药，具有活血止血、解毒
消肿的功效。用于缓解咽喉肿痛、肺结核咯血、
风湿疼痛、月经不调、血小板减少性紫癜等症，
外用治骨折、痈疖肿毒、跌打损伤等症。

○ 习性：生于水边及沼地。

○ 分布：长江以北及西南地区。

○ 饮食宜忌：一般人群皆可食用，尤适宜咯血、
风湿痛、胃痛、跌打损伤、骨折、疖痈或咽喉
肿痛的患者。

茎直立，富肉质，
中空

总状花序腋生，
花冠淡紫色或
白色

叶对生，长圆状披针
形或长圆状卵圆形

大车前

　　多年生草本。短而粗的根状茎上有须根。叶片基生，呈卵形或宽卵形，叶端圆钝，叶缘呈波状或有不规则锯齿。穗状花序，开密集的白色小花。椭圆形的蒴果为棕色或棕褐色，内含 8~15 粒的种子。

◎ **功效主治：**嫩茎叶入药，具有清热利水、明目祛痰、续筋接骨的功效，用于小便不通、淋浊、带下、尿血、黄疸、浮肿、热痢泄泻、喉痛等症。

◎ **习性：**生长范围较广，草丛、田边、河沟边或沼泽地等皆可。

◎ **分布：**黑龙江、吉林、辽宁、内蒙古、河北、山西、陕西等地。

◎ **饮食宜忌：**大车前性寒，内伤劳倦、阳气下陷、肾虚精滑或内无湿热者慎服。

基生叶直立，叶片卵形或宽卵形

花茎直立，穗状花序，花密生，花冠白色

蒴果椭圆形，棕色或棕褐色

食用部位：嫩茎叶 | **食法：**嫩茎叶在洗净、焯水、漂洗后，可凉拌、炒食或煲汤等

别名： 大蓟、绛策尔那布

性味： 性凉，味甘　　**繁殖方式：** 播种

大刺儿菜

多年生草本，株高 30~80 厘米，直立生长。叶片互生，为羽状分裂，茎上部叶叶基抱茎，茎基部叶则有叶柄。头状花序，开紫红色或白色小花。

⊙ **功效主治：** 嫩叶入药，具有凉血止血、消肿散结的功效，主治吐血、鼻出血、尿血、黄疸、疮痈等病症。

⊙ **习性：** 多见于农田、路旁或荒地。

⊙ **分布：** 华北、东北及陕西、河南等。

⊙ **饮食宜忌：** 尤适宜吐血、鼻出血、尿血、子宫出血、黄疸患者。脾虚胃寒者忌服。

头状花序单生或数个聚生枝端，小花紫红色或白色

叶互生，基部叶具柄，上部叶基部抱茎

食用部位： 嫩叶　**食法：** 嫩茎叶焯熟，用清水浸泡洗净，去掉苦味，以油、盐调拌，味道可口

别名： 罗罗葱、谷罗葱、毛管草　　**性味：** 性平，味辛　　**繁殖方式：** 根茎分株、播种

鸦葱

多年生草本，直立生长，不分枝。黑褐色的根向下垂直延伸。茎簇生，外表光滑无毛。叶片基生，呈线状披针形或长椭圆形，还有少数鳞片状的茎生叶，呈披针形或钻状披针形，叶基呈心形，半抱茎。顶生头状花序，开黄色舌状小花。

⊙ **功效主治：** 全草入药，具有清热解毒、活血消肿的功效。

⊙ **习性：** 喜温暖、湿润的环境，也能耐干旱。

⊙ **分布：** 华北、华东各地。

⊙ **饮食宜忌：** 适宜疗疮痈疽、五痨七伤、毒蛇咬伤、蚊虫叮咬或乳腺炎患者。

基生叶线状披针形或长椭圆形

头状花序单生茎端，舌状小花黄色

食用部位： 嫩茎叶、花　**食法：** 采集夏季的嫩茎叶在沸水中焯熟后，可凉拌或炒食

別名：毛连连、野芥菜、野青菜

性味：性凉，味甘　　繁殖方式：播种

黄鹌菜

　　一年生或二年生草本，直立生长。叶片基生，为大头羽状深裂或全裂，呈倒披针形，叶缘有波状齿，叶柄上还略微带翅。头状花序可构成伞房状、圆锥状和聚伞状花序。

◎ 功效主治：嫩茎叶入药，具有清热解毒、利尿消肿、止痛的功效。

◎ 习性：生于农田、果园、地埂、路边、荒地上。

◎ 分布：北京、陕西、甘肃、山东、江苏、安徽、浙江、江西、福建、河南、湖北、湖南、广东、广西、四川、云南、西藏等地。

◎ 饮食宜忌：一般人群皆可食用，尤适宜感冒、咽痛、眼结膜炎、牙痛、疮疖肿毒或痢疾患者。

叶基生，倒披针形，大头羽状深裂或全裂

食用部位：嫩茎叶、花蕾 ｜ 食法：嫩茎叶在洗净、焯水、浸泡后，可凉拌或炒食等

■ 别名：茵陈、绵茵陈、绒蒿　　性味：性凉，味苦、辛　　繁殖方式：播种

茵陈蒿

　　半灌木状草本，株高 40~120 厘米，全株散发奇异的香味。茎呈细小状。叶丛密集，叶片柔软，为 2~3 回羽状全裂，每裂片再 3~5 回全裂，裂片呈卵形或卵状椭圆形，叶面上几乎无毛，叶端稍尖。

◎ 功效主治：嫩叶入药，常用于缓解感冒发热、惊风、黄疸型肝炎、神志昏迷、黄疸、高烧不退、尿路结石、肝胆湿热、湿疹等症。

◎ 习性：生长范围较广，一般在低海拔的河边、海边、沼泽地等较湿润的地区。

◎ 分布：全国各地均有分布。

◎ 饮食宜忌：一般人群皆可食用。

叶 2~3 回羽状全裂，每裂片再 3~5 回全裂

叶卵圆形或卵状椭圆形

食用部位：嫩叶 ｜ 食法：嫩茎叶在洗净、焯水、漂洗后，可凉拌或炒食等

柳兰

　　多年生草本，株高 20~130 厘米，直立生长，丛生。木质化的根状茎匍匐生长于地表层，一般不分枝，只是有时茎上部有少量分枝。叶片螺旋互生，基部叶则对生，叶片呈披针状长圆形至倒卵形，叶缘为稀疏的齿状，并稍微向内卷曲。总状花序，开粉红色至紫红色花，也有少量白色花，花期为 6~9 月。褐色的种子呈狭倒卵状，果期为 8~10 月。

◐ 功效主治：全株入药，具有调经活血、消肿止疼的功效。

◐ 习性：喜凉爽、湿润且阳光充足的环境，适宜疏松肥沃、排水良好的沙质土壤。

◐ 分布：西南、西北、华北至东北地区。

◐ 饮食宜忌：适宜腹泻不止、乳汁不下、气虚浮肿者食用。

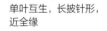

单叶互生，长披针形，近全缘

茎直立，丛生，基部木质化

花序长，花比较大，从下至上逐渐开放，花瓣 4 枚，紫红色

食用部位：嫩叶　食法：嫩叶焯水后可凉拌、炒食，也可做汤、做馅

別名：水玉簪、肥菜、合菜
性味：性凉，味苦　　繁殖方式：播种

鸭舌草

　　水生草本。短而粗的根状茎，或直立向上
生长，或斜向上生长。叶片呈心状宽卵形、长
卵形至披针形，叶端短尖或渐尖，叶基呈圆形
或浅心形，叶面上有弧状脉。总状花序，开
蓝色花，花朵 3~5 朵，花瓣呈卵状披针形或长
圆形。

○ 功效主治：嫩茎叶入药，具有清热
解毒的功效，主治痢疾、肠炎、急性扁桃体炎
等病症。

○ 习性：生于潮湿地或稻田中。

○ 分布：西南、中南、华东、华北等地。

○ 饮食宜忌：尤适宜感冒高热、肺热咳喘、
百日咳、咯血患者。虚寒性泻痢者禁用。

总状花序从叶柄
中部抽出，蓝色

茎直立或斜上

食用部位：嫩茎叶　│　食法：放入开水中略微焯一下，捞出沥干，可凉拌或炒食，也可炖汤

別名：芄兰、斫合子、白环藤　　性味：性温，味甘　　繁殖方式：播种

萝藦

　　多年生草质藤本，长达 8 米。淡绿色的茎
呈圆柱状，肉质肥厚，汁液丰富。叶片呈卵状
心形，叶端渐尖，叶基呈心形，叶面为绿色，
叶背为粉绿色。腋生总状聚伞花序，开白色
花，上面还有淡紫红色斑纹。纺锤形
的蓇葖果表面光滑无毛。

总状式聚伞花序
腋生，花冠白色

○ 功效主治：全草入药，具有
强筋壮骨、行气活血、消肿
解毒的功效，用于肾虚遗精、
乳汁不足，外用治疮疖肿毒、虫蛇咬伤等。

○ 习性：生于林边荒地、河边、路旁灌木丛中。

○ 分布：东北、华北、华东等地。

○ 饮食宜忌：有微毒，不宜大量食用。

茎圆柱状，
表面淡绿色

叶膜质，卵状心形，
绿色，两面无毛

蓇葖果纺锤形，
平滑无毛

食用部位：嫩茎叶　│　食法：嫩茎叶择洗干净入沸水中焯熟，可凉拌、炒食或炖汤

第二章
食花类野菜

花类野菜指是以花和花序为食用部分的植物。
日常食用的花卉种类并不多，
特别是具有悠久历史的种类更少。
由于植物开花具有较强的季节性，
所以对其采集食用也具有较强的时令性，
一般多集中在春季和夏季。
花类野菜晒干后可直接泡茶饮；
鲜食时，花序需要经沸水煮捞后才可食用；
而花序的茎干则可直接炒食。

別名：寒金莲、旱荷
性味：性寒，味苦　　繁殖方式：播种、扦插

金莲花

　　一年生或多年生草本，株高 30~70 厘米，无分枝。基生叶片 1~4 枚，呈五角形，叶端急尖，叶缘生有尖锐的三角形锯齿。聚伞花序，开淡黄色或橘黄色花，花瓣则近圆形。

◑ 功效主治：嫩芽叶、花入药，具有清热解毒、滋阴降火、杀菌的功效，长期服用可清咽利喉，尤其对慢性咽炎、扁桃体炎和声音嘶哑者有消炎、预防和治疗的作用。

◑ 习性：喜温暖、湿润且阳光充足的环境，适宜疏松肥沃、排水良好的土壤。

◑ 分布：全国各地均有。

◑ 饮食宜忌：孕妇不能食用。

花单生，花瓣近圆形，淡黄色或橘黄色

基生叶，叶片五角形，边缘有锯齿

茎高 30~70 厘米，不分枝

食用部位：嫩芽叶、花　食法：可作茶饮，有一股淡淡的清香

别名：一丈红、熟季花、戎葵、吴葵
性味：性寒，味甘　　繁殖方式：播种、分株、扦插

蜀葵

　　二年生直立草本，株高达 2 米。茎枝上被有浓密的刺毛。叶片近圆形或掌状，叶面较粗糙，上有 5~7 回浅裂或波状棱角。花从叶腋抽出，花形如果盘，颜色多样，有红、紫、白、粉红、黄和黑紫等色，花瓣呈倒卵状三角形。

◎ 功效主治：全草入药，具有清热解毒、凉血止血、利尿通便的功效，常用于治疗吐血、二便不利、尿道感染、白带异常等症。

◎ 习性：喜阳光充足的环境，但也能耐半阴，此外，还耐寒，耐盐碱，适宜疏松肥沃、排水良好的沙质土壤或富含有机质的土壤。

◎ 分布：华东、华中、华北、华南地区。

◎ 饮食宜忌：一般人群皆可食用，尤适宜尿路结石、小便不利、水肿或肠炎痢疾患者。脾胃虚寒者及孕妇忌服。

花呈总状花序顶生，单瓣或重瓣

茎直立，丛生，茎枝密被刺毛

蜀葵的花颜色非常丰富，有红、紫、粉红、黄等

叶近圆心形或掌状，5~7 回浅裂

食用部位：嫩叶、花　食法：春季采嫩叶，在沸水中焯过之后，可炒食。花是食品着色剂

别名：攀枝花、红棉树、加薄棉
性味：性凉，味甘、淡　　繁殖方式：播种

木棉

　　落叶大乔木，株高达 25 米。树干的外皮呈灰白色。开红色或橙红色花，从叶腋间抽出，花瓣肉质肥厚，呈倒卵状长圆形，密生星状柔毛。长圆形的蒴果上面长有灰白色长柔毛。

◎ **功效主治**：花朵入药，具有清热利湿的功效，暑天可作凉茶饮用。

◎ **习性**：喜温暖且阳光充足的环境，不耐寒，虽稍耐湿，但忌积水，且最好保持干燥的环境。

◎ **分布**：北起四川西南攀枝花金沙江，南直至两广、福建南部、海南等地。

◎ **饮食宜忌**：适宜急慢性肠炎、痢疾患者食用。

花瓣肉质，倒卵状长圆形

花萼杯状，长 2~3 厘米

花单生枝顶叶腋，红色或橙红色

掌状复叶互生，小叶长圆形至长圆状披针形

树皮灰白色，分枝平展

食用部位：花朵　食法：花朵晒干后可泡茶饮，也可做汤

別名：芙蓉花、拒霜花、木莲　　性味：性凉，味微辛　　繁殖方式：扦插、分株、播种

木芙蓉

落叶灌木或小乔木，株高 2~5 米。叶片呈宽卵形至圆形或心形。花从叶腋间抽出，由白色或淡红色变为深红色，花瓣近圆形，花萼呈钟形，有卵形裂片 5 枚。

◎ 功效主治：花朵入药，具有清热解毒、消肿排脓、凉血止血的功效。

◎ 习性：喜温暖、湿润的环境，不耐寒，也不耐旱。

◎ 分布：全国各地均有分布。

◎ 饮食宜忌：适宜肺热咳嗽、月经过多、白带异常、乳腺炎、淋巴结炎、腮腺炎、烫伤患者食用。

花单生于枝端叶腋间，花瓣近圆形，有红、粉红、白等色

叶互生，宽卵形至圆卵形或心形

食用部位：花朵 | 食法：花蕾晒干，可泡茶饮。也可与其他花茶一起泡茶饮用

別名：山丹、山丹花、山丹丹花　　性味：性平，味微苦　　繁殖方式：扦插

山丹百合

多年生草本，株高 60~80 厘米。它的条形叶片多生长在茎中部。总状花序，花朵会散发香味，花被呈反卷状，鲜红色，上面无斑点。

◎ 功效主治：花朵入药，其富含蛋白质、维生素、淀粉和矿物质等，对人体有较好的滋补作用，能平喘止咳、镇静滋补、养阴润肺、清心安神。

◎ 习性：耐寒，喜阳光充足，忌硬黏土。

◎ 分布：黑龙江、吉林、辽宁、河北、河南、山东、山西、内蒙古、陕西、宁夏、甘肃等。

◎ 饮食宜忌：尤适宜咳嗽痰多、心神不宁、虚烦惊悸或失眠多梦的患者。

花被鲜红色，强烈反卷

叶散生，条形

食用部位：花朵 | 食法：可作为蔬菜食用，也可搭配其他食材煮食、炒食或腌渍，也可泡茶

别名：缅栀子、蛋黄花、印度素馨
性味：性凉，味甘、淡　　繁殖方式：扦插

鸡蛋花

　　落叶灌木或小乔木，株高 2~5 米。茎枝肉质肥厚，较粗壮，呈绿色。叶片硕大，主要生于茎枝顶端，呈宽卵形至圆形或心形，叶缘有圆钝的锯齿。花主要生于茎枝顶端，由白色或淡红色变为深红色，花冠呈筒状。

◐ **功效主治**：花朵、嫩叶入药，具有润肺解毒、清热祛湿、祛痰、利水的作用，常用于治疗感冒发热、肺热咳嗽、湿热黄疸、泄泻痢疾、尿路结石、中暑、腹痛等症。

◐ **习性**：喜高温高湿、阳光足、排水好的环境。

◐ **分布**：广东、广西、云南、福建等省区有栽培，长江流域及其以北地区需要在温室内栽培。

◐ **饮食宜忌**：尤适宜中暑、痢疾、咳嗽患者。凡寒湿泻泄、肺寒咳嗽者皆慎用。

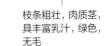

枝条粗壮，肉质茎，具丰富乳汁，绿色，无毛

花数朵聚生于枝顶，花冠筒状，中心鲜黄色

叶大，厚纸质，多聚生于枝顶，具钝圆锯齿

食用部位：**花、茎皮** ｜ 食法：鸡蛋花气味清香，可蒸食或煲汤

別名：甘菊花、白菊花、黄甘菊
性味：性寒，味甘、苦　繁殖方式：扦插、嫁接

菊花

　　多年生草本，株高 60~150 厘米，直立生长。茎上密被短柔毛。叶呈卵形至披针形，具有羽状浅裂或半裂，叶下部密生白色短柔毛，叶柄较短。顶生或腋生头状花序，有舌状花和管状花，舌状花颜色较多，管状花则只有黄色，总苞片最外层被柔毛包围。

◐ 功效主治：花朵入药，具有降血压、抗菌、扩张冠状动脉的作用，常用于治疗感冒风热、目赤多泪、肝阳上亢、眩晕头痛、疮疡肿痛等症。

◐ 习性：喜偏冷凉的环境，耐寒，忌涝，适宜土层深厚、疏松肥沃、排水良好且富含腐殖质的土壤，一般生在高原、高山地区。

◐ 分布：全国各地均有。

◐ 饮食宜忌：气虚胃寒、食少泄泻者慎服。

叶卵形至披针形，羽状浅裂或半裂

茎直立，分枝或不分枝，被柔毛

头状花序顶生或腋生，舌状花有各种颜色，管状花黄色

食用部位：花朵　食法：花朵焯熟后可凉拌、炒食或煎汤，也可做糕点、煮粥或酿制菊花酒

別名：艾冬花、九九花、菟奚、颗冻
性味：性温，味辛、微苦　　繁殖方式：播种

款冬

多年生草本。褐色的根状茎在地下匍匐生长。叶片基生，呈心形或卵形，叶端圆钝，叶缘有稀疏的波状锯齿，且锯齿端还略带红色。头状花序，开黄色花，花冠呈舌状，花苞呈椭圆形，开花后呈下垂状。

◑ 功效主治：嫩叶、花入药，具有润肺下气、化痰止咳的功效，常用于治疗咳嗽、喉痹、气喘、轻度支气管炎、肺炎等症。

◑ 习性：喜凉爽潮湿的环境，耐严寒，忌高温、干旱。

◑ 分布：河北、河南、湖北、四川、山西、陕西、甘肃、内蒙古、新疆、青海、西藏等地。

◑ 饮食宜忌：肺火盛者慎服，阴虚劳嗽者禁用。

头状花序单生顶端，花冠舌状，黄色

基生叶广心脏形或卵形，先端钝，边缘呈波状疏锯齿

花茎直立，具毛茸，小叶约 10 片，互生，叶片多椭圆形或三角形

食用部位：嫩叶、花　食法：叶柄、花茎口感苦涩，因此，需经焯水或腌渍去除苦味后食用

别名：赤槿、日及、扶桑、佛桑、桑槿
性味：性平，味甘　　繁殖方式：扦插、嫁接

朱槿

　　常绿灌木，株高 1~3 米。茎枝呈圆柱形，上面被有稀疏的星状柔毛。叶片呈阔卵形或狭卵形，叶缘有粗齿或缺刻。花从茎上部的叶腋间抽出，花色丰富，有玫瑰红、淡红、淡黄等色；花萼呈钟形，裂片呈卵形至披针形；花冠呈漏斗形，花瓣呈倒卵形。

◎ **功效主治**：嫩叶、花入药，具有凉血、解毒、利尿、消肿、清肺、化痰等功效，常用于治疗急性结膜炎、尿路感染、鼻血、月经不调、肺热咳嗽等症。

◎ **习性**：喜温暖、湿润环境，喜光不耐阴，不耐寒、旱。

◎ **分布**：全国各地均有。

◎ **饮食宜忌**：一般女性皆可服食，尤其适宜气虚脾弱或面色无华者。

花单生于上部叶腋间，花冠漏斗形，玫瑰红色或淡红、淡黄等色

—— 叶阔卵形或狭卵形，边缘具粗齿或缺刻

小枝圆柱形，疏被星状柔毛

食用部位：嫩叶、花　食法：嫩茎叶能适应各种食法，可代替菠菜

黄花菜

多年生草本，株高 30~65 厘米。叶片基生，呈狭长带状，茎下部的叶片重叠，上部则逐渐展开。花从叶腋简抽出，开橙黄色大花，一般开在茎顶端，呈漏斗形；黄色至黄褐色花蕾呈条状，稍卷曲，可制干成食品。

⊙ **功效主治**：嫩叶、花入药，具有清热利湿、健胃消食、明目安神、止血消肿的功效，常用于治疗头晕、水肿、耳鸣、心悸、吐血、咽痛等症，还可降低胆固醇。

⊙ **习性**：喜阳光充足的环境，对土壤没有特殊要求。

⊙ **分布**：全国各地均有。

⊙ **饮食宜忌**：皮肤瘙痒症者、哮喘病者、平素痰多者或肠胃病患者忌食。

叶基生，狭长带状，下端重叠，向上渐平展

花茎自叶腋抽出，有花数朵，橙黄色，漏斗形

植株一般较高大，高 30~65 厘米

干品呈黄色至黄褐色，条状，略卷曲

食用部位：干花蕾 | **食法**：鲜食或干制都可，但花蕾有毒，食用前必须用沸水浸烫去毒

别名：渥丹、朝哈日一萨日娜
性味：性平，味甘　　繁殖方式：播种、分株

有斑百合

花单生或数朵呈总状花序，花直立开展，深红色

多年生草本，直立生长。鳞茎呈卵状球形。茎绿色，但有时在近基部处也略带紫色，外皮光滑无毛。叶片互生，呈条形或条状披针形，没有叶柄。顶生总状花序，开深红色花，花瓣上有褐色斑点。蒴果呈矩圆形。

◎ 功效主治：花朵入药，可缓解肺虚久咳、痰中带血、神经衰弱、惊悸、失眠等症。

◎ 习性：性喜冷凉湿润气候或半阴环境。

◎ 分布：内蒙古、吉林、山东、山西、河北、辽宁、黑龙江等地。

◎ 饮食宜忌：一般人群皆可食用，尤适宜肺虚久咳、神经衰弱或惊悸失眠患者。

叶互生，条形或条状披针形

食用部位：花蕾 ｜ 食法：花蕾晒干，可泡茶饮。也可与其他花茶一起泡茶饮用

别名：虎皮百合、倒垂莲、黄百合　　性味：性微寒，味甘　　繁殖方式：分株

卷丹

多年生草本，株高 80~150 厘米。绿色的茎干带紫色条纹，上面还生有白色绵毛。叶片呈矩圆状披针形或披针形，几乎无毛，只在叶端有些许白毛。开橙红色花，花瓣上还带有紫黑色斑点，花朵呈下垂状，还略卷曲。

◎ 功效主治：嫩茎、花朵入药，具有养阴润肺、止咳化痰、清心安神的功效。

◎ 习性：喜冷凉、干燥且有光照的环境，耐寒，但忌高温、多湿。

◎ 分布：江苏、浙江、湖南、安徽等地。

◎ 饮食宜忌：一般人群皆可食用，尤适宜阴虚久咳、痰中带血、失眠多梦或精神恍惚患者。

花下垂，橙红色，有紫黑色斑点

叶散生，矩圆状披针形或披针形

茎带紫色条纹，具白色绵毛

食用部位：鳞茎、花朵 ｜ 食法：适用各种食法，可代替蔬菜

别名：玉春棒、白鹤花、玉泡花
性味：性凉，味甘　　繁殖方式：分株

玉簪花

多年生草本，丛生。根茎粗壮。叶片从根部长出，呈卵形至心形，叶端急尖，绿色，叶面光滑而有光泽，叶脉突出。总状花序，开白色或紫色花，并散发香味，一般在夜间开放，从高于枝茎的顶端生出，花期7~9月。

花茎从叶丛中抽出，花被漏斗状，白色

◐ 功效主治：全草入药，具有润肺和咽、凉血止血、清热利湿的功效，常用来治疗咽喉肿痛、小便不通、疮毒、烧伤、肺热咳嗽等症。

◐ 习性：喜阴湿环境，喜肥沃、湿润的沙壤土，性极耐寒。

◐ 分布：全国各地均有。

◐ 饮食宜忌：一般人群皆可食用，孕妇慎服。

叶片卵形至心脏卵形，绿色，有光泽

食用部位：花朵　**食法：花朵晒干后可泡茶喝，也可焯熟后炒食或炖汤**

别名：无穷花、木棉、荆条　　性味：性平，味苦、甘　　繁殖方式：播种、扦插、嫁接

木槿

落叶灌木，株高3~4米。茎枝上密生黄色的星状茸毛。叶片呈菱形至三角状卵形，叶缘有不规则的齿缺。淡紫色的花从叶腋间抽出，花呈花钟形，其上被有星状短茸毛，花瓣则呈倒卵形。

花单生于枝端叶腋间，淡紫色

◐ 功效主治：花朵入药，具有清热凉血、解毒消肿的功效。

◐ 习性：喜温暖、湿润且阳光充足的环境，稍耐阴，也耐寒。

◐ 分布：华东、中南、西南及河北、陕西、台湾等地。

◐ 饮食宜忌：适宜痢疾、白带异常者食用。

叶菱形至三角状卵形，边缘具锯齿

食用部位：花朵　**食法：花朵晒干后可泡茶饮，也可炒食或与肉类一起炖汤**

别名：鼠姑、鹿韭、白茸、木芍药
性味：性微寒，味辛　　繁殖方式：嫁接

牡丹

　　落叶灌木。叶通常为复叶，枝茎顶端的小叶呈宽卵形，绿色。颜色多样，有玫瑰色、红紫色、粉红色、白色等，单朵生于枝茎顶端，花瓣 5 枚，一般为重瓣，呈倒卵形，花瓣边缘有不规则的波状。

◎ 功效主治：花朵入药，具有养血和肝、散郁祛淤、止痛通经之效，还可改善面部黄褐斑。

◎ 习性：喜冷凉的环境，忌暑热，适宜疏松肥沃、透气性好的沙质土壤或中性土壤。

◎ 分布：全国各地均有。

◎ 饮食宜忌：一般人群皆可食用，尤适宜痛经、月经不调、面部黄褐斑或皮肤衰老患者。

二回三出复叶，宽卵形

花单生枝顶，花瓣 5 枚，玫瑰色、红紫色、粉红色至白色

颜色多样，有玫瑰色、红紫色、粉紫色、白色等

根皮皮厚、肉质、断面色白，可入药

食用部位：花朵 ｜ 食法：炸、烧、煎或做汤等。用面粉裹后油炸，用白糖浸渍是上乘的蜜饯

别名：花中皇后、月月红、四季花

性味：性温，味甘　　繁殖方式：扦插、分株、压条

月季

　　常绿、半绿低矮灌木，株高 1~2 米。枝茎粗壮，呈圆柱形，上面有短粗的钩状皮刺。叶为复叶，生有小叶 3~5 枚，叶片呈宽卵形至卵状长圆形，叶缘则有尖利的锯齿。颜色较多，常见的有红色、粉红色及白色，有单瓣、半重瓣和重瓣 3 种，花瓣呈倒卵形。果实为红色。

◎ 功效主治：全草入药，性温、味甘，有活血消肿、消炎解毒的功效，常用于妇女经期出现月经稀薄、色淡量少、小腹痛、精神不畅、大便燥结等问题。

◎ 习性：喜阳光充足且通风良好的环境，适应能力也很好，既耐寒，又耐旱。

◎ 分布：全国各地均有。

◎ 饮食宜忌：与鹅肉同食损伤脾胃；与兔肉、柿子同食导致腹泻；不宜与甲鱼、鲤鱼、豆浆、茶同食。血热或气虚者不宜饮用。

花瓣有单瓣、半重瓣和重瓣 3 种，呈倒卵形，先端有凹缺

花几朵集生，红色、粉红色至白色

小叶 3~5 枚，宽卵形至卵状长圆形，边缘有锐锯齿

果球形或梨形，红色

食用部位：根、叶、花　食法：可与大米、小米等一同煮粥，或将花朵晒干后泡茶饮

玫瑰花

直立落叶灌木，株高达 2 米，丛生。茎枝粗壮，分枝上则密被茸毛，还长有针刺和腺毛。叶为复叶，生有小叶 5~9 枚，叶片呈椭圆形或椭圆状倒卵形，叶缘有尖利的锯齿。开紫红色至白色花，会散发香味，重瓣至半重瓣，花瓣呈倒卵形。果实为砖红色，呈扁球形。

◐ 功效主治：花朵、果实入药，具有强肝养胃、活血调经、润肠通便、解郁安神的功效，常用于治疗肝胃气痛、食少呕恶、月经不调、跌打伤痛等症。

◐ 习性：喜阳光充足的环境，有较强的适应能力，耐寒，耐旱，耐涝，适宜在沙质土壤中生长。

◐ 分布：全国各地均有。

◐ 饮食宜忌：口渴、舌红少苔或脉细弦劲之阴虚火旺证者不宜长期、大量饮服，孕妇不宜多次饮用。

小叶椭圆形或椭圆状倒卵形，边缘有尖锐锯齿

小枝有针刺和腺毛

干玫瑰花蕾可用来泡茶、制作美食，不仅气味芳香，还有养颜之效

花瓣倒卵形，紫红色至白色

食用部位：花、果　食法：花瓣一般用来腌渍、做馅或茶饮等

別名：金银花、金花、银花、二花

性味：性寒，味甘、微苦　　繁殖方式：播种

忍冬

　　多年生半绿缠绕及匍匐茎灌木。叶片绿色，呈卵形至矩圆状卵形。花从枝茎上部叶腋抽出，颜色由白色变黄色，花瓣呈唇形，花柱要高于花冠。圆圆的果实闪着光泽，成熟后就会变成蓝黑色。

⊙ 功效主治：花朵入药，具有清热解毒、抗炎、补虚疗风的功效，常用于治疗温病发热、热毒痈疡、胀满等症。

⊙ 习性：喜阳光充足的环境，适应性也很强，耐寒，耐阴，耐旱，耐涝，对土壤没有特殊要求。

⊙ 分布：华东、中南、西南及辽宁、河北、山西、陕西、甘肃等地。

⊙ 饮食宜忌：忍冬性寒，脾胃虚寒或气虚疮疡脓清者忌服。

叶对生，纸质，卵形至矩圆状卵形

果圆形，熟时蓝黑色，有光泽

总花梗单生于小枝上部，花冠白色，后变黄色

食用部位：花蕾　食法：忍冬可单独泡水喝，也可与菊花、薄荷、芦根等同饮

別名：映山红、红踯躅
性味：性寒，味酸、甘　　繁殖方式：扦插、压条、分株、播种

杜鹃花

常绿或平常绿落叶灌木。茎枝纤细。叶片聚生于枝端，呈卵形、椭圆状卵形或倒卵形，叶缘则微卷。花簇生于枝顶，有玫瑰色、鲜红色或暗红色，花冠则呈阔漏斗形。

花2~3朵簇生枝顶，花冠阔漏斗形，玫瑰色、鲜红色或暗红色

◎ 功效主治：花朵入药，具有降血脂、降低胆固醇、消炎杀菌、滋润养颜、清热解毒、和血调经、祛湿的功效。

◎ 习性：喜湿润、凉爽、半阴的环境，忌阳光直射。

◎ 分布：广布于长江流域各省，东至台湾，西南达四川、云南。

◎ 饮食宜忌：杜鹃花有一定毒性，请在医生指导下食用。

叶革质，卵形、椭圆状卵形或倒卵形

食用部位：花朵　食法：花瓣在洗净后，可作茶饮

別名：米籽兰、山胡椒、树兰、碎米兰　　性味：性平，味辛、甘　　繁殖方式：压条、扦插

米兰

常绿灌木或小乔木，分枝较多。枝茎幼嫩时，其顶端长有星状锈色鳞片，长大后逐渐脱落。奇数羽状复叶，有小叶 3~5 枚，叶片互生或对生，呈倒卵形至长椭圆形，光滑无毛，叶脉突出。腋生圆锥花序，开黄色花，香味很浓，花萼为 5 裂，裂片则呈圆形。浆果呈卵形或球形，外有星状鳞片。

奇数羽状复叶，互生，叶轴有窄翅

◎ 功效主治：花入药，入肺、胃、肝三经，具有解郁、催生、醒酒、清肺、止烦渴的功效。

◎ 习性：喜温暖，不耐寒，稍耐阴，土壤以疏松、肥沃的微酸性土壤为最好。但幼苗期忌暴晒。

◎ 分布：广东、广西、福建、四川、云南等地。

茎多小枝，幼枝顶部被星状锈色的鳞片

◎ 饮食宜忌：适宜胸膈胀满不适、打嗝不止、痰多咳嗽、头昏目眩者食用。

食用部位：花　食法：采摘后清洗干净，可放入汤、粥中调味，也可晒干泡茶

别名： 抽花、木梨花、奈花

性味： 性平，味辛、甘　　**繁殖方式：** 扦插、压条、分株

茉莉花

　　直立或攀缘灌木，株高达 3 米。枝茎呈圆柱形或稍扁的圆柱形，内部有时中空，外部则被有稀疏的柔毛。单叶对生，叶片呈圆形、椭圆形、卵状椭圆形或倒卵形。顶生聚伞花序，开白色花，花香浓郁，花的裂片呈长圆形至近圆形。

◉ **功效主治：** 花朵入药，具有行气止痛、解郁散结的功效，常用于缓解胸腹胀痛、痢疾等症，是止痛的食疗佳品，另外，茉莉花对多种细菌还有抑制作用。

◉ **习性：** 喜温暖、湿润、通风良好且半阴的环境。

◉ **分布：** 中国江南地区以及西部地区。

◉ **饮食宜忌：** 尤适下痢腹痛、目赤肿痛、疮疡肿毒患者，火热内盛、燥结便秘者慎食。

直立或攀缘灌木，枝条细长，圆柱形或稍压扁状

顶生聚伞花序，花冠白色

单叶对生，光亮，宽卵形或椭圆形，叶脉明显

食用部位：花瓣　**食法：花瓣在洗净后，可煲汤或泡茶**

別名：黄栀子、山栀、白蟾
性味：性寒，味苦　　繁殖方式：扦插、压条、播种、分株

栀子

　　灌木，株高 30~300 厘米。枝茎呈圆柱形，
灰色，幼嫩时常被短毛，长大后则逐渐消
失。叶片对生或 3 枚轮生，呈长圆状披针
形、倒卵状长圆形或椭圆形，叶上部为亮绿
色，下部则颜色较暗。枝顶开有白色或乳黄
色花，气味芬芳，花形为高脚碟状。

◎ **功效主治**：花朵入药，具有护肝利胆、
镇静降压、解毒消肿、泻火除烦、清热
利湿、凉血止血的功效，常用于缓解热
病心烦、肝火目赤、头痛、湿热黄疸、尿血、口
舌生疮等症。

◎ **习性**：性喜温暖湿润气候，适宜生长在疏松、
肥沃、排水良好的酸性土壤中。

◎ **分布**：中南、西南及江苏、安徽、浙江、江西、
福建、台湾等地。

◎ **饮食宜忌**：栀子苦寒伤胃，脾虚便溏者不宜用。

枝圆柱形，灰色

单朵花生于枝顶，
花冠白色或乳黄色

叶对生，革质，长圆状
披针形或倒卵状长圆形

食用部位：花朵 | **食法**：鲜花可裹面炸食或做肉类的配菜，也可糖渍、蜜饯食用

雨久花

　　直立水生草本，株高 30~70 厘米。根状茎较粗壮，基部则有时带紫红色。叶片基生和茎生；基生叶呈宽卵状心形，叶脉多数为弧状脉；茎生叶围绕茎部，叶柄较短。顶生总状花序，开蓝色花，花被片呈椭圆形，边缘圆钝。

总状花序顶生，花被片椭圆形，蓝色

◎ 功效主治： 嫩茎叶、花朵入药，其性凉、味甘，具有清热祛湿、止喘解毒的功效，常用于缓解高热、喘息、小儿丹毒等症。

◎ 习性： 喜湿润的环境，耐寒，常生长在水边、池边及沼泽地等近水处。

◎ 分布： 黑龙江、吉林、辽宁、河北等地。

◎ 饮食宜忌： 一般人群皆可食用，尤适宜高热、喘息或小儿丹毒患者。

食用部位：嫩茎叶、花朵 ｜ 食法：鲜花晒干后可泡茶饮。洗净后可裹面炸食或做肉类的配菜

合欢花

　　落叶乔木，株高达 16 米。小细枝长有棱角，幼嫩时还被有茸毛。二回羽状复叶，有小叶 10~30 对，叶片呈线形至长圆形，叶端较尖锐，还长有少量短毛。顶生头状花序，头状花序可组成圆锥花序，开粉红色花。扁平的荚果呈长椭圆形。

花序头状，多数，伞房状排列，腋生或顶生

荚果扁平，长椭圆形

二回羽状复叶，叶线形至长圆形

◎ 功效主治： 花朵入药，具有解郁安神、滋阴补阳、理气开胃、活络止痛、清心明目的功效。

◎ 习性： 喜温暖湿润的环境，以肥沃、疏松的沙质土壤为佳。

◎ 分布： 浙江、安徽、江苏、四川、陕西等地。

◎ 饮食宜忌： 适宜神经衰弱患者食用。

食用部位：花朵 ｜ 食法：花朵晒干后可泡茶喝，也可用来煮粥或炖汤

別名：仙树、月桂、花中月老
性味：味甘，性温　　繁殖方式：播种

桂花

常绿乔木或灌木，株高一般为 3~5 米，但有的也可达 18 米。小细枝为黄褐色，其上光滑无毛。叶片呈长椭圆形或椭圆状披针形，叶脉会从上面凹入。腋生聚伞花序，开花密集，花形近于帚状，花色多样，有黄白色、淡黄色、黄色或橘红色。

◎ 功效主治：全草入药，具有化痰止咳、生津暖胃、散寒止痛的功效，常用于止咳化痰、养声润肺、舒缓肠胃不适、除口腔异味，并可滋润皮肤。

◎ 习性：适应能力较强，既耐寒，又耐高温。

◎ 分布：全国各地均有。

◎ 饮食宜忌：便秘者或脾胃湿热的人不适合饮食用。

小枝黄褐色，无毛

叶片革质，椭圆形、长椭圆形或椭圆状披针形

聚伞花序簇生于叶腋，花冠黄白色、淡黄色、黄色或橘红色

食用部位：花朵　食法：鲜花可裹面炸食或做肉类的配菜，也可糖渍、蜜饯食用

别名：月桂树、桂冠树、甜月桂
性味：性热，味辛、甘　繁殖方式：扦插、播种、分株

月桂

　　常绿小乔木或灌木状，株高达 12 米。小细枝呈圆柱形。叶片互生，呈长圆形或长圆状披针形，叶缘为细波状，叶上部为暗绿色，下部则稍暗淡，叶脉为凸起的羽状脉。腋生伞状花序，开黄绿色小花。果实呈卵珠形，未成熟时为青绿色，成熟时为暗紫色。

◎ 功效主治：全株入药，可补元阳、暖脾胃、除积冷、通血脉，还能抗菌消炎、利尿止痛、通经利肝。

◎ 习性：喜阳光充足的环境，适宜土层深厚、疏松肥沃且富含腐殖质的偏酸性沙质土壤。

◎ 分布：野生于四川、云南、广东、广西、湖北等省区。

◎ 饮食宜忌：一般人群皆可食用，尤适宜咳嗽痰多、牙痛、肾阳衰弱、心腹冷痛或虚寒胃痛患者。

果卵珠形，未成熟时青绿色，熟时暗紫色

叶互生，长圆形或长圆状披针形，边缘细波状

伞形花序腋生，花小，黄绿色

常绿小乔木或灌木状，小枝圆柱形

食用部位：花朵　食法：花朵晒干后可泡茶饮用，鲜花也可炒、炸、烩菜肴或制作甜点

別名：白花桐、华桐、饭桐子
性味：性寒，味苦　　繁殖方式：分株、播种、嫁接

泡桐花

　　乔木，株高达 30 米。树冠呈圆锥形、伞形或近圆柱形。叶片较大，对生，呈心形至长卵状心形，叶柄较长。聚伞花序，开紫色或白色花，花萼呈钟形或倒圆锥形。蒴果呈卵圆形，果皮一般较薄，较厚的则出现木质化；它的种子较小，但数量较多，上面还长有膜质翅。

◐ 功效主治：根、果入药，可清热解毒。

◐ 习性：喜光，较耐旱，要求土壤为排水良好、土层深厚的沙壤土或砂砾土。

◐ 分布：除东北北部、内蒙古、新疆北部、西藏等地区外全国均有分布。

◐ 饮食宜忌：适宜筋骨疼痛、疮毒红肿、气管炎患者食用。

花紫色或白色，萼钟形或倒圆锥形，有香气

叶对生，有柄，呈心形

食用部位：花　　食法：鲜花去蕊，入沸水焯熟后加油、盐拌匀，或拌面粉蒸食

別名：打结花、黄瑞香、家香　　性味：性温，味甘　　繁殖方式：分株、扦插、压条

结香

　　灌木，株高 70~150 厘米。枝茎粗壮，为褐色，枝茎幼嫩时，表皮坚韧，且密被短柔毛。叶片呈长圆形、披针形至倒披针形。顶生或侧生头状花序，开密集的黄色小花，气味芳香，由 30~50 朵的小花组成一个绒球。

◐ 功效主治：全株入药，具有舒筋活络、消炎止痛、祛风明目的功效。

◐ 习性：喜温暖且阳光充足的环境，能耐半阴，但不耐寒，也忌水湿，适宜疏松肥沃、排水良好的土壤。

◐ 分布：北自河南、陕西，南至长江流域以南各省区均有。

◐ 饮食宜忌：适宜跌打损伤、风湿疼痛、腰痛、骨折、目赤疼痛、夜盲症患者食用。

头状花序顶生或侧生，具花 30~50 朵，呈绒球状，黄色

食用部位：花朵　　食法：春季采花朵，晒干后可用来泡茶饮，也可烩制菜肴或制作甜点

别名：兰草、佩兰
性味：性平，味辛　　繁殖方式：播种、分株

兰花

多年生草本，直立生长，分枝较少。叶片簇生于茎部，叶片呈线状披针形。总状花序，开白色或微红色的大花，花瓣为唇瓣，唇瓣3裂；雄蕊、雌蕊构成合蕊柱；花粉则构成花粉块；花序分枝及花序梗密被茸毛。种子微小。

➲ 功效主治：全草入药，根可缓解肺结核、扭伤等症；叶能缓解百日咳；果实能止吐；种子可改善目翳；花朵具有清热凉血、养阴润肺、生津润燥的功效。

➲ 习性：喜温暖、半阴且通风条件较好的环境，适宜疏松肥沃、通透性好的微酸性土壤。

➲ 分布：山东、江苏、浙江、江西、湖北、湖南、云南、四川、贵州、广西、广东及陕西等地。

➲ 饮食宜忌：一般人群皆可食用，尤适宜肺结核、肺脓肿、目翳或神经衰弱患者。

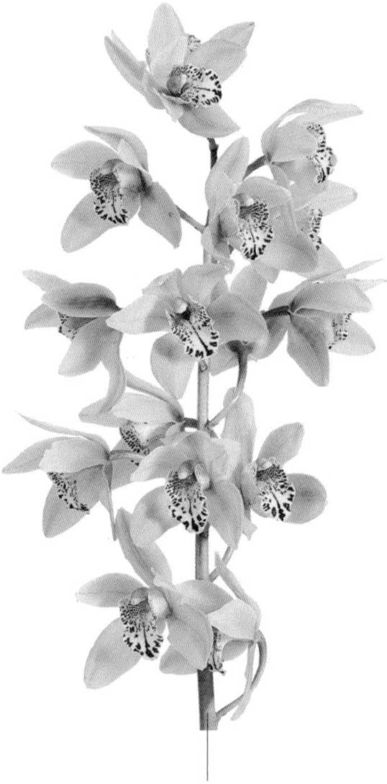

花梗直立，分枝少

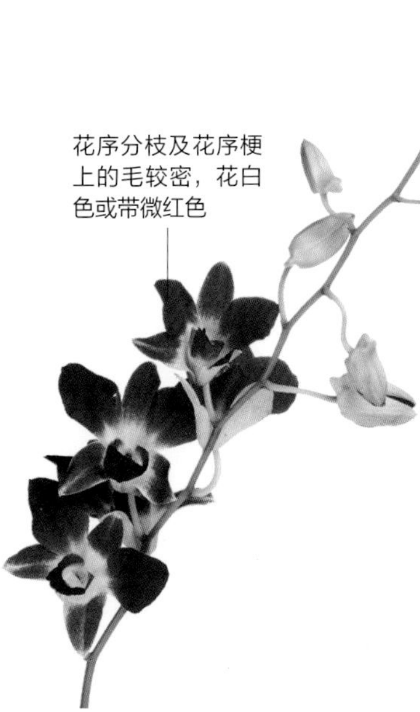

花序分枝及花序梗上的毛较密，花白色或带微红色

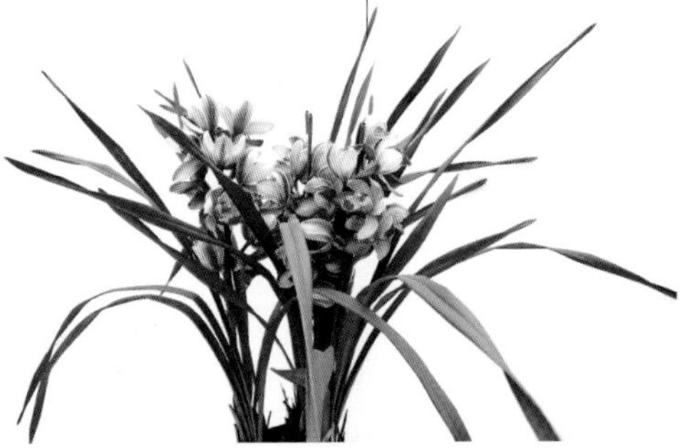

叶自茎部簇生，线状披针形，稍具革质

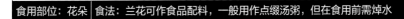

食用部位：花朵｜食法：兰花可作食品配料，一般用作点缀汤粥，但在食用前需焯水

别名：金腰带、串串、小黄花

性味：性平，味苦　　繁殖方式：扦插、压条、分株

迎春花

　　落叶灌木，株高 30~50 厘米，直立或匍匐生长皆可。枝条呈下垂状。叶片为三出复叶，小叶片对生，呈卵形、长卵形、椭圆　　形、狭椭圆形以及倒卵形。花单生于叶腋和小枝顶端，开黄色花，花裂片为 5~6 枚，呈长圆形或椭圆形，裂片边缘圆钝或尖锐。

◐ 功效主治：嫩叶、花朵入药，具有解毒消肿、止血止痛、清热利尿的功效。

◐ 习性：喜温暖、湿润且阳光充足的环境，耐阴，也耐寒，适宜疏松肥沃、通透性良好的沙质土壤。

◐ 分布：华北、辽宁、陕西、山东等地。

◐ 饮食宜忌：脾胃湿热者慎服。

叶对生，三出复叶，小叶片卵状、椭圆形，全缘

枝条多下垂，光滑无毛，小枝四棱形

花单生于去年生小枝的叶腋，花冠黄色

迎春花的花可采摘下来，用清水冲洗干净后晒干，做花茶饮用

食用部位：花朵、嫩叶 ｜ 食法：洗净后可炒、炸、烩菜肴。花朵晒干后可泡茶喝

别名：木兰、白玉兰、玉兰
性味：性平，味辛　　繁殖方式：播种、嫁接

玉兰

落叶乔木，茎高达 25 米。树干较粗糙，外皮呈深灰色；枝干则稍粗壮，外皮呈灰褐色。叶片绿色，呈倒卵形、宽倒卵形或倒卵状椭圆形。白色到淡紫红色花，花瓣基部则带粉红色；花蕾呈卵圆形，会散发香味；花被片为 9 枚，呈长圆状倒卵形。

◎ 功效主治：全草入药，根可缓解肺结核、肺脓肿及扭伤，还能接骨；叶能辅助治疗百日咳；果能止呕；种子可缓解目翳。

◎ 习性：喜温暖、湿润、通风良好且半阴的环境，适宜疏松肥沃、通透性良好的微酸性土壤。

◎ 分布：山东、江苏、浙江、江西、湖北、湖南、云南、四川、贵州、广西、广东及陕西。

◎ 饮食宜忌：一般人群皆可食用，尤适宜肺结核、肺脓肿、目翳或神经衰弱患者。

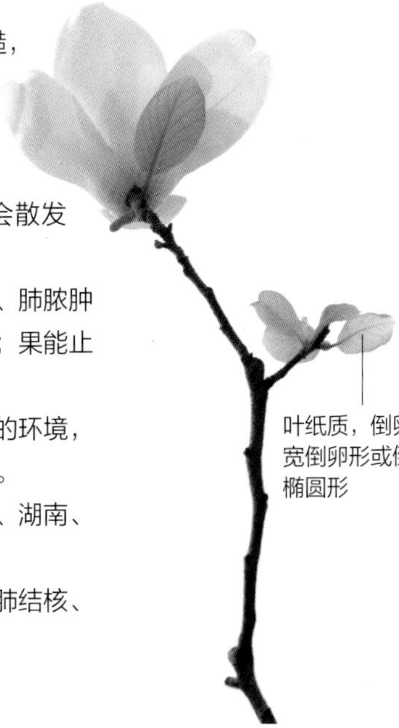

食用部位：花朵 | 食法：花朵洗净后可煎食或蜜浸制作小吃，也可晒干后泡茶饮用

別名：白缅花、缅桂花

性味：性温，味苦、辛　　繁殖方式：压条、嫁接

白兰

　　常绿乔木，株高达 17 米。分枝较多，形成阔伞形树冠。叶片呈长椭圆形或披针状椭圆形，叶端渐尖，叶基呈楔形；叶上部无毛，下部则生稀疏的柔毛。开白色花，香气较浓，花被片有 10 枚，呈披针形。

◎ **功效主治**：花朵入药，性温、味苦，有温肺止咳、消炎化浊的作用，还能改善肌肤暗黄、肤色不均等问题。

◎ **习性**：喜温暖、湿润、通风良好且阳光充足的环境，但适应性较差，既不耐寒，也不耐阴。

◎ **分布**：黄河流域以南均有栽培。

◎ **饮食宜忌**：一般人群皆可食用，尤适宜慢性支气管炎、前列腺炎、白浊或妇女白带异常者。女子面色黯黄或无光泽者，可多食。

叶薄革质，长椭圆形或披针状椭圆形

枝广展，呈阔伞形树冠

花白色，花被片 10 枚披针形

雄蕊的药隔伸出长尖头

食用部位：花朵 ｜ 食法：可熏制花茶、酿酒或提炼香精

第二章 花类野菜　143

别名：洋槐花、刺槐花
性味：性寒，味微苦　　繁殖方式：播种

槐花

　　乔木，高达 25 米。树干的外皮为灰褐色，上面还长有纵裂纹。叶为羽状复叶，叶片对生或近互生，多呈卵形，有时也呈线形或钻状。顶生圆锥花序，整个花形呈金字塔形，开紫红色、白色或淡黄色花，花瓣上还带紫色脉纹。卵球形的种子为淡黄绿色，脱水后为黑褐色。

◎ **功效主治**：花朵入药，具有凉血止血、清肝泻火的功效，常用于缓解肠风便血、痔血、肝火头痛、失音等症，其含的芦丁还能改善毛细血管的功能。

◎ **习性**：性喜光，喜干冷气候。

◎ **分布**：东北、西北、华北、华东。

◎ **饮食宜忌**：糖尿病患者最好不要多吃。粉蒸槐花不易消化，消化系统不好的人，尤其是中老年人不宜过量食用。同时，过敏性体质的人也应谨慎食用槐花，脾胃虚寒或阴虚发热而无实火者慎服。

皮灰褐色

羽状复叶 4~7 对，对生或近互生，卵形

圆锥花序顶生，紫红色、白色或淡黄色

种子卵球形，淡黄绿色，干后黑褐色

食用部位：花朵　**食法**：蒸食、凉拌、熬粥或做汤。也可将槐花加入面粉、调料拌匀，蒸食

别名：安石榴、海石榴、若榴
性味：性平，味酸、涩　　繁殖方式：扦插、分株、压条

石榴花

　　落叶灌木或小乔木，株高一般为 2~5 米，但有时也可达 7 米。单叶对生或簇生，叶片呈矩圆形或倒卵形，嫩叶为嫩绿色或古铜色，其上光滑无毛。橙红色的花簇生于枝顶或叶腋，花瓣为 5~7 枚，但多为重瓣，表面为蜡质。黄红色浆果呈球形。

◐ 功效主治：花朵入药，性温、味酸，有润肠止泻、止血、驱虫的功效，常用于缓解咯血、吐血、便血、久痢、虚寒久泻、肠炎、绦虫病、蛔虫病等症。

◐ 习性：喜阳光充足和干燥环境，耐寒耐干旱，对土壤要求不严。

◐ 分布：全国各地均有。

◐ 饮食宜忌：一般人群皆可食用，尤适宜咯血或久痢患者。

花数朵生于枝顶或叶腋，橙红色

浆果球形，黄红色

单叶对生或簇生，矩圆形或倒卵形，全缘，叶面光滑

食用部位：花朵　食法：剔出花蕊洗净花瓣，烫成半熟，放清水中漂洗后可凉拌或炒菜

鸡冠花

　　一年生直立草本，株高 30~80 厘米，分枝较少，且光滑无毛。茎较粗壮，颜色为绿色或略带红色，上面有棱状凸起。单叶互生，叶片呈卵形、卵状披针形或披针形。顶生穗状花序，花色丰富，有紫、橙黄、白、红黄相间等色，花形则有扇形、肾形等。

◐ 功效主治：花朵入药，具有清热除湿、收敛涩肠、凉血止血、止泻止带的功效，常用于缓解赤白痢疾、功能性子宫出血、痔血、吐血、崩漏、遗精等症。

◐ 习性：喜温暖、干燥且阳光充足的环境，但不耐旱，也不耐涝，此外，对土壤也没有特殊要求。

◐ 分布：几乎遍布全国各地。

◐ 饮食宜忌：适宜心肠风、久泻久痢、白带过多或痔疮肛边肿痛患者，鸡冠花茶不适宜搭配其他花茶，忌食鱼腥猪肉。

茎粗壮，分枝少，具棱纹凸起

单叶互生，卵形、卵状披针形或披针形，全缘

肉穗状花序顶生，呈扇形、肾形、扁球形等

食用部位：花朵　食法：花朵可泡茶饮，取 5 克鸡冠花，用沸水冲泡，闷约 10 分钟后即可

别名：曼陀罗树、薮春、山椿

性味：性温，味苦　　繁殖方式：扦插、嫁接、压条、播种

山茶花

　　灌木或小乔木，株高约 9 米。茎为黄褐色，小细枝为绿色或绿紫色。叶片呈椭圆形，叶端稍尖，叶基呈阔楔形，叶上部深绿色，下部浅绿色。顶生红色、粉红色或白色花，花瓣有 6~7 枚，呈倒卵圆形。蒴果呈圆球形，外被柔毛。

◎ 功效主治：花朵入药，具有收敛凉血、止血、补肝缓肝、破血去热、润肺养阴的功效，常用于缓解吐血、便血、血崩等症，外用还可治疗烧烫伤、创伤出血。

◎ 习性：喜温暖且半阴的环境，耐寒，但忌烈日暴晒，适宜的生长温度为18~25℃。

◎ 分布：浙江、江西、四川及山东。

◎ 饮食宜忌：一般人群皆可食用，尤适宜鼻衄吐血、血崩、创伤出血、肠风下血或久泻久痢患者。

叶革质，椭圆形，无毛

花顶生，颜色丰富，有红色、粉红色或白色（上图所示），内轮雄蕊离生

小枝绿色或绿紫色

食用部位：花朵　食法：花朵晒干后可泡茶饮，种子可榨山茶油

别名：洋荷花、草麝香、郁香
性味：性平，味苦　　繁殖方式：分球

郁金香

　　多年生草本。鳞茎呈扁圆锥形或扁卵圆形。叶片为 3~5 枚，呈条状披针形至卵状披针形。顶生杯状大花，花色艳丽，一般为红色或间白色和黄色，有时也为白色或黄色，花被片为 6 枚，呈倒卵形。

◎ **功效主治：** 全草入药，性平、味苦，具有化湿辟秽、解毒除臭的功效，常用于缓解心腹恶气、脾胃湿浊、胸脘满闷、呕逆腹痛、口臭苔腻等症。

◎ **习性：** 喜温暖且背风的环境，但能耐寒，适宜土质松软、排水良好且富含腐殖质的微酸性沙质土壤。

◎ **分布：** 西北地区，新疆的荒地、丘陵上，华东、华中地区。

◎ **饮食宜忌：** 花朵有毒碱，和它待上一两个小时后会感觉头晕，严重的可导致中毒，过多接触易使人毛发脱落。

枝条直立

叶 3~5 枚，条状披针形至卵状披针形

花单朵顶生，大型而艳丽，红色或杂有白色和黄色

食用部位：花朵　食法： 花朵晒干后可泡茶饮，化湿辟秽。秋冬时节挖根研磨药用

别名：紫玉簪、白背三七、玉棠花

性味：性温平，味甘、微苦　　繁殖方式：分株、播种

紫萼

　　多年生草本，直立生长。根状茎直径约 2 厘米，须根则被绵毛。叶片基生，呈卵状心形、卵形至卵圆形，叶端呈短尾状或骤尖，叶基呈心形或截形。总状花序，开 10~30 朵紫红色花，花被在花开时呈漏斗状。

◐ **功效主治**：嫩茎叶、花入药，具有散淤止痛、解毒的功效。

◐ **习性**：喜温暖湿润的气候，耐阴，抗寒性强，忌阳光直射。

◐ **分布**：河北、陕西、华东、中南、西南各省。

◐ **饮食宜忌**：一般人群皆可食用。

叶基生，卵状心形、卵形至卵圆形

叶片先端通常近短尾状或骤尖，基部心形

花被淡青紫色，盛开时近漏斗状，紫红色

苞片矩圆状披针形，紫白色

食用部位：花朵、嫩茎叶 ｜ 食法：花朵可泡茶喝，嫩芽经焯水后可凉拌，也可炒菜

别名：洋水仙、西洋水仙
性味：性凉，味苦　　繁殖方式：分球、播种

风信子

　　多年草本生球根类植物。鳞茎呈卵形，外皮为膜质。叶片基生，肉质肥厚，呈狭披针形，上面有浅纵沟，为亮绿色。总状花序，开浅紫色小花，气味芳香，主要密生在茎上部，花冠呈漏斗状，并向外反卷，花被则呈筒状。

◐ **功效主治**：花朵入药，具有镇静情绪、平衡身心、舒缓压力、促进睡眠的功效，其制成精油可消除异味、促进情欲、舒解压力，常用其花瓣上的露水擦拭身体，可令肌肤光滑。

◐ **习性**：喜温暖、湿润且光照充足的环境，耐寒，适宜疏松肥沃、排水良好的沙质土壤。

◐ **分布**：全国各地广泛栽培。

◐ **饮食宜忌**：风信子球茎有毒性，如果误食，会引起头晕、胃痉挛、拉肚子等症状。

叶4~9枚，狭披针形，肉质

鳞茎卵形，有膜质外皮

花披筒形，花冠漏斗状，裂片5枚，浅紫色，向外侧下方反卷

食用部位：花朵　**食法：** 花朵在沸水中焯熟，捞出用清水浸泡以去除异味，可凉拌或炒食

别名: 雪中花、天蒜
性味: 性寒，味苦、微辛　　繁殖方式: 分球、侧球、侧芽、双鳞片

水仙

　　多年生球根草本。球茎呈圆锥形或卵圆形，外被一层黄褐色纸质薄膜。叶片呈扁平的宽线形，叶缘圆钝，粉绿色。伞状花序，开 4~8 朵白色小花，气味清香，花被片为 6 枚，呈卵圆形至阔椭圆形，边缘有短尖头。

◐ **功效主治**: 花朵入药，性寒、味辛，具有清热解毒、消肿散结的功效，常用于治疗虫咬、跌打损伤、毒疮脓肿等症，但因为水仙花球茎有毒，因此应忌食其球茎。

◐ **习性**: 喜阳光充足，能耐半阴，不耐寒。性喜温暖、湿润环境，要求排水良好之地。

◐ **分布**: 湖北、江苏、上海、福建等长江以南地区。

◐ **饮食宜忌**: 水仙的球茎有毒，不宜内服。如果较大量地食用其球茎，会有温和的毒性。

叶宽线形，扁平，全缘，粉绿色

花茎直立，纤弱，容易弯折

伞形花序有花 4~8 朵，白色，副花冠淡黄色

球茎圆锥形或卵圆形，披黄褐色纸质薄膜

食用部位: 花朵　食法: 花朵在沸水中焯熟后，捞出浸泡几个小时去除异味，可凉拌或炒食

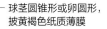

别名：草桂花、四桃克、草紫罗兰

性味：性温，味辛　繁殖方式：播种

紫罗兰

二年生或多年生草本，株高达 60 厘米，直立生长，分枝较多。叶片呈长圆形至倒披针形或匙形，叶缘呈微波状，叶端圆钝或有短尖头，叶基则渐窄，有叶柄。顶生或腋生总状花序，开紫红色、淡红色或白色大花，花瓣近卵形，花瓣边缘为波状。

◎ **功效主治**：花朵入药，具有清热解毒、美白祛斑、滋润皮肤、除皱消斑、清除口腔异味、增强皮肤光泽、防紫外线照射的功效，此外，紫罗兰对呼吸道有益，还能调理支气管炎等症。

◎ **习性**：喜凉爽、阳光充足且通风良好的环境，耐半阴，忌暑热。

◎ **分布**：大城市中常有引种，栽于庭园花坛或温室中。

◎ **饮食宜忌**：尤适宜面部有痘痘、痤疮、色斑的人群，或肤色暗沉、无光泽或口腔有异味的患者。

总状花序，花紫色、淡红色或白色

花瓣近卵形，长约 1 厘米

叶片长圆形至倒披针形或匙形，顶端钝圆或罕具短尖头

食用部位：花朵 **食法：** 花朵晒干后可泡茶饮，适宜搭配玫瑰花、薄荷、金盏花或桂花等

紫藤

　　落叶藤本。茎枝较粗壮，幼嫩时被白色柔毛。奇数羽状复叶，有小叶 3~6 对，叶片呈卵状椭圆形至卵状披针形。总状花序，开紫色花，花呈下垂状，花萼呈杯状，上面被有细绢毛。

◐ 功效主治：全草入药，具有止痛、祛风、通络、杀虫等功效。

◐ 习性：适应能力极强，耐寒，耐阴，耐涝，耐贫瘠。

◐ 分布：华北地区多有分布，以河北、河南、山西、山东最为常见。华东、华中、华南、西北和西南地区均有栽培。

◐ 饮食宜忌：豆荚、种子、茎皮有毒，小心食用。

茎右旋，枝较粗壮，嫩枝被白色柔毛

小叶对生，卵状椭圆形至卵状披针形

奇数羽状复叶长 15~25 厘米

花梗细，长 2~3 厘米

花冠紫色，旗瓣圆形，先端略凹陷，花开后反折

花长 2~2.5 厘米，芳香

总状花序，花序轴被白色柔毛

食用部位：花朵 ┃ 食法：可作主料，也可作配料，一般在焯水后食用

蜡梅

　　落叶灌木，株高达 4 米。幼枝呈四方形，老枝则近圆柱形，灰褐色，一般无毛，有时也稍被疏毛。叶片呈卵圆形、椭圆形、宽椭圆形至卵状椭圆形，有时也呈长圆状披针形，叶背的叶脉上被疏毛。花生于叶腋，开白色、粉红色、红色等花，花香袭人，花被片呈圆形、长圆形、倒卵形、椭圆形或匙形，花期为冬季及早春。果实的底托近木质化，果实呈坛状或倒卵状椭圆形，成熟期为 4~11 月。

◐ 功效主治：根、叶可药用，具有理气止痛、散寒解毒的功效。

◐ 习性：喜光，适应性较强，耐寒，耐旱，耐阴，但忌水涝，适宜土层深厚、疏松肥沃、排水良好的微酸性沙质土壤，但不能在盐碱地上生长。

◐ 分布：山东、江苏、安徽、浙江、福建、江西、湖南、湖北、河南、陕西、四川、贵州、云南等地。

◐ 饮食宜忌：适宜暑热心烦、口干舌燥、小儿百日咳、肝胃气痛、水火烫伤者食用。

枝灰褐色，无毛或被疏微毛，有皮孔

花芳香，黄色，形状多变，常见圆形

花风干后可用来泡茶，有清热消暑之效

食用部位：花　食法：可洗净用于汤品调味、糕点装饰，也可风干泡茶

別名：海洋之露

性味：性平，味辛　　繁殖方式：播种

迷迭香

　　灌木，株高达 2 米。茎干和老枝都呈圆柱形，为暗灰色，上面有不规则的纵裂纹，以及白色星状细茸毛。叶片丛生，呈线形，并呈反卷状。总状花序，开蓝紫色花，外被稀疏短柔毛，几乎无花梗。

◎ **功效主治**：花朵入药，具有改善语言、视觉、听力方面的障碍，增强注意力，临床常用于治疗风湿痛、降低血糖、提神醒脑、改善血液循环、刺激毛发再生。

◎ **习性**：性喜温暖气候，较能耐旱，土壤以富含沙质、排水良好的为佳。

◎ **分布**：原产欧洲及北非地中海沿岸，后曾引入中国，现中国园圃中偶有引种栽培。

◎ **饮食宜忌**：一般人群皆可食用，尤适宜失眠多梦、心悸头痛、消化不良、胃胀气、风湿痛或四肢麻痹的患者。

茎及老枝圆柱形，
皮层暗灰色

总状花序，花对生，
花冠蓝紫色

叶常常在枝上丛生，
线形，向背面卷曲

食用部位：花朵　**食法：花朵焯熟后可凉拌、炒食、蒸食或做饺子馅，晒干后可泡茶饮**

别名：龙头花、狮子花、龙口花、洋彩雀
性味：性凉，味苦　　繁殖方式：播种

金鱼草

　　多年生直立草本，株高达 80 厘米。茎下部叶片对生，上部互生，呈披针形至矩圆状披针形。顶生总状花序，颜色丰富，有红色、紫色、白色等，花瓣的基部会呈兜状，上唇则呈直立状。

◎ **功效主治**：全草入药，具有清热解毒、活血消肿的功效，常用于缓解夏季热感冒和头疼脑热，还可辅助治疗骨折、扭伤和皮肤脓肿等症。

◎ **习性**：较耐寒，也耐半阴，金鱼草耐湿，怕干旱。

◎ **分布**：全国各地庭园均有栽培。

◎ **饮食宜忌**：一般人皆可食用。

茎基部无毛，有时分枝

总状花序顶生，花冠颜色多种，从红色、紫色至白色

叶片无毛，披针形至矩圆状披针形，全缘

食用部位：种子 | **食法：种子采收晒干后，压榨出油食用**

別名：大花美人蕉、红艳蕉、兰蕉
性味：性凉，味甘、淡　繁殖方式：播种、块茎

美人蕉

　　多年生粗壮草本，株高达 1.5 米，植株为绿色。叶片呈卵状长圆形。总状花序，开红色的花，花朵稀疏，绿色的苞片呈卵形，长 3 厘米的唇瓣则呈披针形，还略弯曲，成熟的雄蕊约 2.5 厘米长。

○ 功效主治： 花朵入药，具有清热解毒、祛瘀消肿、安神降压的功效，将美人蕉鲜根块茎捣烂敷于患处，可缓解疮疡肿毒。

○ 习性： 喜温暖且阳光充足的环境，不耐严寒，对土壤也没有特殊要求，疏松肥沃、排水良好的沙质土壤或黏质土壤皆可。

○ 分布： 全国各地均有。

○ 饮食宜忌： 一般人群皆可食用，尤适宜心神不宁或疮疡肿毒的患者。

叶片为卵状长圆形，大型

总状花序疏花，有白、红、粉色、黄、杂色

花冠裂片披针形，唇瓣披针形

食用部位：花朵　食法：花朵在沸水中焯熟后可凉拌、炒食或做馅，晒干后可泡茶饮

别名：柳叶桃、半年红、甲子桃
性味：性寒，味苦　　繁殖方式：扦插、分株、压条

夹竹桃

　　常绿大灌木，株高达5米，直立生长。枝茎
肥厚多汁，且呈灰绿色。叶片轮生，呈窄披针形，
叶端急尖，叶基呈楔形，叶缘则略微反卷，叶面
为深绿色，叶背为浅绿色。顶生聚伞花序，开深
红色或粉红色花，气味芬芳，花裂片呈倒卵形。

◎ **功效主治**：全草入药，具有强心利尿、祛痰
定喘、镇痛祛淤的功效，常用于缓解心脏病
心力衰竭、喘息咳嗽、癫痫、跌打损伤、
闭经等症。

◎ **习性**：喜温暖、湿润且阳光充足
的环境，不耐寒，忌积水，适宜疏
松肥沃、排水良好的中性土壤或微酸性、微碱性
土壤。

◎ **分布**：全国各地均有栽培。

◎ **饮食宜忌**：叶及茎皮有剧毒，入药煎汤或研末，
均宜慎用。夹竹桃性寒，有堕胎的功效，孕妇
忌食。

枝条灰绿色——

叶3~4枚轮生，
窄披针形

聚伞花序顶生，
着花数朵，花冠
深红色或粉红色

食用部位：花朵 ｜ 食法：花朵入沸水焯熟后用清水浸泡以去除苦味，可凉拌、炒食或做馅

别名：灵香草、香草、黄香草
性味：性平，味甘、淡　　繁殖方式：播种、扦插

薰衣草

　　半灌木或矮灌木，有分枝。枝茎上被星状茸毛。叶片呈线形或披针状线形，上面被灰色的星状茸毛。轮伞花序，开6~10朵花，多数花瓣上被有浓密的星状茸毛，花裂片呈圆形，且裂片之间还稍有重叠，雄蕊生长在上方。

◆ 功效主治：全草入药，具有滋养秀发、止痛镇定、缓解神经、调节内分泌、养颜美容、改善睡眠的作用，有"芳香药草"之美誉。茎、叶入药，有健胃、发汗、止痛功效。

◆ 习性：喜阳光充足、通风良好的环境，适应性较强，耐高温，耐寒，耐贫瘠，耐盐碱。

◆ 分布：新疆的天山北麓。

◆ 饮食宜忌：一般人群皆可食用，低血压患者请适量食用，以免反应迟钝，嗜睡。薰衣草粉也是通经药，妇女怀孕初期应避免使用。

—— 分枝被星状茸毛

—— 叶线形或披针状线形

轮伞花序通常 ——
具 6~10 花，
密被星状茸毛

食用部位：花朵　食法：花朵晒干后可泡茶饮，也可与其他花茶一同泡饮，美容效果更佳

别名：龙须牡丹、洋马齿苋、午时花

性味：性平，味辛　　繁殖方式：播种

太阳花

　　一年生草本，株高 10~30 厘米，分枝多。茎紫红色，或匍匐在地面，或向上倾斜生长，茎节上密生柔毛。叶片聚集在枝端，呈细圆柱形，有时会略微弯曲，叶端圆钝。单生或簇生，花开于枝头，颜色有红色、紫色或黄白色，花瓣呈倒卵形，重瓣。

◎ 功效主治：全草入药，具有清热解毒、活血祛淤、消肿止痛、利水行气的功效，常用于缓解咽喉肿痛、跌打损伤、刀伤出血、湿疮等症。

◎ 习性：喜温暖且阳光充足的环境，忌阴暗，忌水湿，对土壤没有特殊要求，能耐贫瘠，但尤喜通透性好的沙质土壤。

◎ 分布：全国大部分地区均有。

◎ 饮食宜忌：尤适宜烫伤、咽喉肿痛或刀伤出血的患者。血虚者不宜，孕妇慎用。

茎平卧或斜升，
紫红色，多分枝

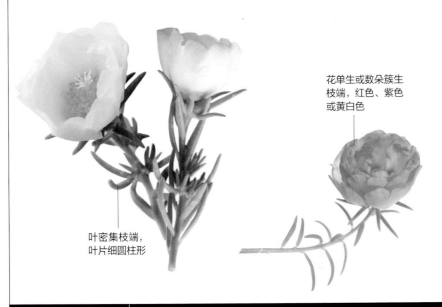

花单生或数朵簇生
枝端，红色、紫色
或黄白色

叶密集枝端，
叶片细圆柱形

食用部位：花朵、嫩茎叶 ┃ 食法：花朵晒干后可泡茶饮，嫩茎叶用沸水焯熟后可凉拌或炒食

别名：香石竹、狮头石竹、麝香石竹
性味：性平，味甘　　繁殖方式：播种、压条、扦插

康乃馨

　　多年生草本，株高 40~70 厘米，丛生，直立生长。植株有少量分枝，主要集中在茎上部。叶片呈线状披针形，叶端则渐尖，叶基为短鞘。花生于枝端，颜色有粉红、紫红或白色，会散发香气，花瓣呈倒卵形，外缘为不规则齿状，花萼则呈圆筒形。

◐ 功效主治：花朵入药，具有美容养颜、安神止渴、清心明目、消炎除烦、生津润喉、健胃消积、清肝凉血、祛斑除皱的功效，其含有人体所各种微量元素，对人体有益。

◐ 习性：喜凉爽、干燥、通风良好且阳光充足的环境，能够耐寒，但不能耐热，适宜土质松软、通透性好且富含腐殖质的石灰质土壤。

◐ 分布：主要分布于福建、湖北等地。

◐ 饮食宜忌：一般人群皆可食用，尤适宜牙痛、头痛、面部暗黄或虚劳咳嗽的患者。

茎丛生，直立，上部稀疏分枝

花常单生枝端，粉红、紫红或白色

叶片线状披针形，对生

食用部位：花朵　食法：花朵晒干后可泡茶饮，与勿忘我、紫罗兰、玫瑰一同泡饮效果更佳

別名：洋绣球、入腊红、石腊红
性味：性凉，味涩、苦　　繁殖方式：播种、扦插

天竺葵

　　多年生草本，株高 30~60 厘米，直立生长。茎上密被短柔毛。叶片互生，呈圆形或肾形，叶缘有波状浅裂，叶面还有暗红色马蹄形环纹。腋生伞状花序，开红色、橙红、粉红或白色花，花朵密集，花瓣呈宽倒卵形。蒴果上被柔毛。

◎ **功效主治**：花朵入药，具有止痛止血、抗菌杀菌、促进结疤、消脂减肥、排毒利尿、增强细胞防御功能、除臭补身、美白养颜的功效，还可平衡皮脂分泌。

◎ **习性**：喜温暖、湿润且光照充足的环境，不耐寒，也不耐湿，不耐热，适宜疏松肥沃、排水良好的沙质土壤。

◎ **分布**：全国各地普遍栽培。

◎ **饮食宜忌**：一般人群皆可食用，尤适宜面部暗黄、疤痕、妊娠纹、湿疹、灼伤或带状疱疹患者。天竺葵性凉，孕妇慎食。

叶互生，叶片圆形或肾形，边缘波状浅裂

花瓣红色、橙红、粉红或白色

伞形花序腋生，多花

茎直立，多分枝或不分枝，密被短柔毛

食用部位：花朵	食法：花朵晒干后可泡茶饮，也可用沸水焯熟后凉拌或炒食

勿忘我

　　多年生草本，株高 30~60 厘米，不分枝。整个植株光滑无毛。叶片多数为基生，长在地面，叶片呈倒卵状匙形，叶端圆形，叶基渐狭，叶柄较短。轮生聚伞花序，开蓝色、粉色或白色花，花冠呈高脚碟状，雄蕊为黄色。

◐ 功效主治：花朵入药，具有滋阴补肾、养颜美容、补血养血、促进机体新陈代谢、延缓细胞衰老、提高免疫能力、抗病毒的功效，含有维生素 C，能消除脸部赘肉。

◐ 习性：喜凉爽、干燥且阳光充足的环境，耐旱，但不耐湿，不耐热，适宜疏松肥沃、排水良好的弱碱性土壤。

◐ 分布：江苏、西北、华北、四川、云南、东北等地。

◐ 饮食宜忌：一般人群皆可食用，尤适宜面部暗黄、色斑、粉刺、青春痘、免疫力低下或心血管疾病患者。

全株光滑无毛，茎不分枝

轮生聚伞花序，有花 5~8 朵，蓝色、粉色或白色

叶平铺地面，叶片倒卵状匙形

食用部位：花朵　食法：花朵晒干后可泡茶饮，加绿茶 1 茶匙，蜂蜜少许，美容养颜

小苍兰

　　多年生草本。叶片呈剑形或条形，还略呈弯曲状，颜色为黄绿色。花色多样，有黄、白、紫、红、粉红等色，还散发着香味，花被呈喇叭状，花被片排成两轮，外轮花被片呈卵圆形或椭圆形，内轮花被片则较短狭。

⊙ 功效主治： 花朵入药，性温、味苦，具有清热解毒、凉血止血、镇定神经、消除疲劳、促进睡眠的功效，常用于缓解吐血、便血、崩漏、外伤出血、蛇伤等症。

⊙ 习性： 喜温暖、湿润且阳光充足的环境，但忌强光，忌高温，适宜疏松肥沃、排水良好的沙质土壤。

⊙ 分布： 南方各地多露天栽培，北方各地多盆栽。

⊙ 饮食宜忌： 一般人群皆可食用，尤适宜失眠多梦、心神不宁、崩漏痢疾、外伤出血或吐血便血的患者。

花被裂片6枚，
2轮排列，雄蕊
3枚

花色多样，有紫、
红、黄、白等色

花直立，淡黄色或黄
绿色，花被管喇叭形

食用部位：花朵 | **食法：** 花朵晒干后可泡茶饮，也可与其他花茶一同泡饮，效果更佳

别名：玲甲花、洋紫荆、紫花蹄甲

性味：性凉，味淡　　繁殖方式：播种、压条

羊蹄甲

　　乔木或灌木，株高 7~10 米，直立生长。
树干的外皮厚而光滑，为灰色至暗褐色；新枝
稍被柔毛，但会逐渐脱落。叶片近圆形，
叶基为浅心形，叶端有裂片，裂
片端圆钝或近急尖，有叶柄。
侧生或顶生总状花序，开桃红色或
白色花，花瓣呈倒披针形，花期为
9~11 月。种子呈近圆形的扁平状，
外皮为深褐色，果期为 2~3 月。

◯ 功效主治：树、树皮、花和根供药用，
是烫伤及脓疮的洗涤剂，嫩叶汁液或粉
末可缓解咳嗽，但根皮剧毒，忌服。

◯ 习性：喜阳光和温暖、潮湿环境，不
耐寒。

◯ 分布：华南地区。

◯ 饮食宜忌：一般人群皆可食用。

根茎皮较厚，表面
相对光滑，呈灰色
或暗褐色

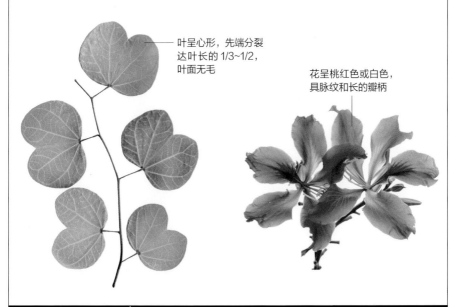

叶呈心形，先端分裂
达叶长的 1/3~1/2，
叶面无毛

花呈桃红色或白色，
具脉纹和长的瓣柄

食用部位：花芽、嫩茎叶　｜　食法：花芽、嫩茎叶入沸水焯烫后洗净，加油、盐、醋凉拌即可

别名：金盏花、黄金盏、长生菊
性味：性寒，味苦　　繁殖方式：播种

金盏菊

　　二年生草本植物，株高 30~60 厘米。整个植株被有白色茸毛。单叶互生，叶片呈椭圆形或椭圆状倒卵形。顶生头状花序，开金黄色或橘黄色大花，呈舌状。

○ **功效主治**：全草入药，具有消炎抗菌、清热降火、行气活血、促进消化的功效，此外，金盏菊花和叶还可镇定肌肤、改善敏感肤质。

○ **习性**：喜温暖且光照充足的环境，耐寒，但不耐热；一般土壤皆可生长，但尤喜疏松肥沃、排水良好的微酸性土壤。

○ **分布**：全国各地均有。

○ **饮食宜忌**：尤适宜面部痤疮、青春痘、疤痕、疝气或肠风便血患者。金盏菊性寒，孕妇忌食。

株高 30~60 厘米，
被白色茸毛

单叶互生，椭圆形或
椭圆状倒卵形，全缘

头状花序单生茎顶，
形大，金黄或橘黄色

食用部位：花朵 ┃ 食法：金盏菊在洗净、晒干后可冲泡茶饮，气味清香

别名：紫绣球、粉团花
性味：性寒，味苦　　繁殖方式：分株、压条、扦插

绣球

　　灌木，株高 1~4 米。茎基部会长出放射状
分枝，形成圆形灌丛；枝茎皆呈圆柱形。叶
片呈倒卵形或阔椭圆形，叶端骤尖，叶
基圆钝或呈阔的楔形，叶缘有粗锯齿。
伞状聚伞花序，开密集的小花，颜色有
粉红色、淡蓝色或白色，花瓣呈长圆形。

○ **功效主治**：花朵入药，性寒、味苦，具有抗
疟消热、清热解毒的功效，常用于辅助治
疗疟疾、烂喉、心热惊悸、烦躁等症。

○ **习性**：喜温暖、湿润且半阴的环境，不耐寒，
适宜疏松肥沃、排水良好的沙质土壤。

○ **分布**：山东、江苏、安徽、浙江、福建、河南、
湖北、湖南、广东及其沿海岛屿、广西、四川、
贵州、云南等地。

○ **饮食宜忌**：绣球花有小毒，慎食。尤适
宜疟疾、心热惊悸或烦躁患者食用。性寒，
孕妇忌食。

叶纸质或近革质，
倒卵形或阔椭圆形，
边缘具粗齿

伞房状聚伞花序近
球形，粉红色、淡
蓝色或白色

茎常于基部发出
多数放射枝而形
成一圆形灌丛，
枝圆柱形

食用部位：花朵 | 食法：花朵晒干后可泡茶饮，也可与其他花茶一同泡饮

仙客来

　　多年生草本。枝茎的表皮为棕褐色。叶片肥厚，主要聚集在茎顶部，呈心状卵圆形，叶端稍尖，叶缘则有细圆齿，深绿色，叶面上还有浅色的斑纹。开白色或玫瑰红色花，下部咽喉处为深紫色，花裂片则呈长圆状披针形。

◎ **功效主治：** 花朵入药，具有振奋精神、有助睡眠、祛风止痛的功效，其还能抵抗空气中的有毒气体二氧化硫，补充新鲜的氧气，保护我们的皮肤。

◎ **习性：** 喜凉爽、湿润且光照充足的环境，适宜土质疏松、排水良好且富含腐殖质的微酸性沙质土壤。

◎ **分布：** 全国各地广为栽培。

◎ **饮食宜忌：** 尤适宜无精打采、精神疲劳、失眠多梦或心悸难安的患者。

—— 茎肉质

—— 白色或玫瑰红色，
花朵下垂，花瓣向
上反卷，犹如兔耳

叶片心状卵圆形，
边缘有细圆齿，
有浅色的斑纹

食用部位：花朵 | **食法：** 花朵经沸水焯熟后，捞出浸泡几个小时后，可凉拌或炒食

银莲花

　　一年生草本，株高 15~40 厘米。叶片基生，呈圆肾形。开白色或带粉红色的花，花葶被有稀疏的柔毛，但有时也无毛，花苞的苞片约有 5 枚，呈菱形或倒卵形，外端呈圆形或较圆钝。

◎ 功效主治： 花朵入药，具有清热解毒、止痛抗炎的功效，常用于缓解热毒血痢、阴痒带下等症，其作为一种传统药物，抗癌活性显著。

◎ 习性： 喜凉爽、湿润且光照充足的环境，耐寒，但忌高温，忌水湿，适宜疏松肥沃、排水良好的沙质土壤。

◎ 分布： 多见于东北地区以及河北、山西北部、北京等华北北部地区。

◎ 饮食宜忌： 一般人群皆可食用，尤适宜热毒血痢或痢疾患者。银莲花性寒，孕妇忌食。

叶片圆肾形，三全裂，裂片宽菱形或菱状倒卵形

花葶有疏柔毛或无毛，苞片约 5 枚，菱形或倒卵形

花色多样，有红、紫、蓝和白色等

食用部位：花朵 | 食法： 花朵晒干后可泡茶饮，也可在沸水中焯熟后炒食或制作糕点

第三章

根茎类野菜

根茎是指延长横卧的根状地下茎。
有明显的节和节间，节上有退化的鳞片叶，
前端有顶芽，旁有侧芽，向下常生有不定根。
人们经常食用的根茎类野菜有甘薯、
地瓜、魔芋、牛蒡、菱角、荸荠等。
块茎和块根食用时一般不需要过多的处理，
经洗净烹煮后可以直接食用。

別名：折耳根、岑草、紫蕺
性味：性微寒，味辛　　繁殖方式：分株

鱼腥草

多年生草本。茎质脆，易折断，呈扁圆柱形，棕黄色，上面有纵向的棱，并且有明显的茎节。叶片互生，一般为卷折状，如果展平则呈心形，叶端渐尖，上部为暗黄绿色至暗棕色，下部为灰绿色或灰棕色，如果将其捣碎，还会散发鱼腥味。开白色小花。

❍ **功效主治：**嫩茎叶、地下茎入药，具有清热解毒、化痰排脓、利尿消肿的功效，常用于辅助治疗肺热咳喘、热痢、水肿、疟疾、湿疹等症。

❍ **习性：**喜温暖、湿润的环境，耐寒，不耐旱，忌强光。

❍ **分布：**陕西、甘肃及长江流域以南各地。

❍ **饮食宜忌：**虚寒证或阴性外疡者忌服。多食令人气喘、发虚弱、损阳气、消精髓。

花小，萼片花瓣状，白色

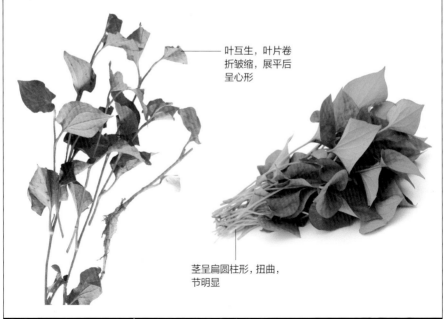

叶互生，叶片卷折皱缩，展平后呈心形

茎呈扁圆柱形，扭曲，节明显

食用部位：嫩茎叶、地下茎 ┃ 食法：沸水焯熟后可凉拌、炒食或炖汤，也可晒干后泡茶喝

别名：红三七、日本蓼、斑杖
性味：性平，味苦、酸　繁殖方式：播种、分根

虎杖

　　多年生草本，株高 1~2 米，直立生长。粗壮的根状茎内部中空，上面有明显的纵棱和小突起，并带有红色或紫红斑点。叶片呈宽卵形或卵状椭圆形，叶端渐尖，叶基呈宽楔形、截形或近圆形。

叶宽卵形或卵状椭圆形，近革质

茎直立，具明显的纵棱

◐ 功效主治：嫩叶、根入药，具有清热解毒、利胆退黄、祛风利湿、散淤止痛的功效。

◐ 习性：性喜冷凉，忌高温高湿。

◐ 分布：山东、河南、陕西、湖北、湖南、江西、福建、台湾、云南、贵州、安徽等地。

◐ 饮食宜忌：孕妇禁服。虎杖可引起白细胞减少，长期大量服用时，应酌情补充维生素 B_1。

食用部位：嫩叶、根　**食法：嫩茎叶适用于各种食法；它的根在洗净、煮熟后，还可榨汁食用**

别名：怀山药、淮山药、土薯、山薯　　性味：性平，味甘　　繁殖方式：无性繁殖

薯蓣

　　缠绕草质藤本，高达 1 米，垂直生长。茎呈长圆柱形，如果晒干茎断面，则为白色。茎下部为单叶互生，中上部则对生，叶片呈卵状三角形至宽卵形或戟形，叶端渐尖，叶基呈深心形、宽心形或近截形。

块茎长圆柱形，断面干时白色

单叶，卵状三角形至宽卵形或戟形

◐ 功效主治：块茎入药，具有补脾养胃、生津益胃、补肾涩精的功效，常用于改善脾虚食少、久泻不止、肺虚喘咳、肾虚遗精、带下、尿频、虚热消渴等症。

◐ 习性：喜温暖、湿润且阳光充足的环境，适宜疏松肥沃、排水良好的沙质土壤。

◐ 分布：华北、西北及长江流域等省。

◐ 饮食宜忌：大便燥结者或肠胃积滞者忌用。

食用部位：花朵、块茎　**食法：炸、烧或做汤。面粉裹后油炸，用白糖浸渍是上乘的蜜饯**

别名：子午莲、水芹花
性味：性平，味甘　　繁殖方式：分株、播种

莲

多年水生草本。根状茎又短又粗。叶片呈心状卵形或卵状椭圆形，叶基呈深弯曲状，叶面有光泽，有时还略带红色或紫色。开白色花，花瓣呈宽披针形、长圆形或倒卵形，花径为3~5厘米，花梗呈细长状。浆果呈球形。种子呈椭圆形。

◎ 功效主治： 根茎、莲子入药，具有清热生津、凉血益血、散淤止血、健脾生肌、开胃消食、补脾止泻、益肾涩精、养心安神的功效，常用来缓解脾虚久泻、遗精带下、心悸失眠。

◎ 习性： 喜强光，通风良好，对土质要求不高。

◎ 分布： 全国各地均有。

◎ 饮食宜忌： 一般人群皆可食用，尤适宜脾虚久泻、糖尿病、脂肪肝或小儿遗尿症患者。

叶纸质，心状卵形或卵状椭圆形

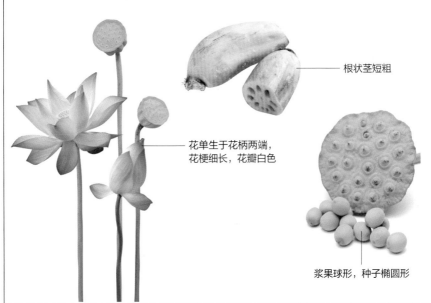

根状茎短粗

花单生于花柄两端，花梗细长，花瓣白色

浆果球形，种子椭圆形

食用部位： 根茎、莲子　**食法：** 可生食、凉拌或煮食，也可做成藕粉米团。莲子可直接食用

別名：风花、复活节花
性味：性寒，味辛、苦　　繁殖方式：播种、分株

芍药

多年生草本，株高 40~70 厘米。根较粗壮。茎上部叶为三出复叶，茎下部叶为二回三出复叶，小叶呈狭卵形、椭圆形或披针形。花开于茎顶和叶腋，颜色有白色、玫红色、粉红色等，花瓣呈倒卵形。

◐ 功效主治：根入药，具有活血散淤、止痛、泻肝火、养血敛阴、平抑肝阳的功效，常用来缓解月经不调、痰滞腹痛、关节肿痛、胸痛、胁痛等症。

◐ 习性：喜温耐寒，耐寒性较强。

◐ 分布：全国各地均有。

◐ 饮食宜忌：一般人群皆可食用，尤适宜头痛、眩晕、耳鸣、肝郁脾虚、大便泄泻或痛必腹泻患者。

茎高 40~70 厘米，无毛

上部茎生叶为三出复叶，小叶狭卵形，椭圆形或披针形

花数朵，生茎顶和叶腋，颜色有白色、玫红色、粉红色等

食用部位：根 ┃ 食法：中药白芍由芍药的根炮制而成，可用来制作药膳

別名：麦门冬、沿阶草、书带草
性味：性寒，味甘、微苦　　繁殖方式：分株

麦冬

　　多年生草本。根部粗壮，中下部常膨大成小块根，长 1~1.5 厘米，宽 5~10 毫米，颜色为淡褐黄色。部分茎枝匍匐在地面，茎节上有膜质的鞘。

◎ 功效主治：块根入药，具有养阴生津、润肺清心的功效，常用于肺燥干咳、虚劳咳嗽、津伤口渴、心烦失眠、内热消渴、咽白喉等症。

◎ 习性：喜温暖和湿润气候，稍耐寒，宜土质疏松、肥沃、排水良好的土壤和沙质土壤。

◎ 分布：江西、安徽、浙江、福建、四川等地。

◎ 饮食宜忌：凡脾胃虚寒泄泻、胃有痰饮湿浊或暴感风寒咳嗽者均忌服。

小块根呈纺锤状，淡褐黄色

食用部位：块根 ｜ 食法：块根可煮食、煲汤或制成饮料等

別名：山葵菜、哇沙蜜、泽山葵　　性味：性寒，味辛　　繁殖方式：扦插、分株

山葵

　　多年生宿根草本。地下根茎呈细长状，上面能清晰看到叶柄脱落的痕迹，它拥有辛辣的口感，并散发特殊的香气。叶片簇生。花茎长自地下根茎。长角果膨大如圆柱形。

◎ 功效主治：嫩叶、根茎入药，具有软化和保护血管、降低人体中血脂和胆固醇的作用，还能有助于清除体内有害物质、增加免疫细胞的活性。

◎ 习性：喜阴湿的环境。

◎ 分布：西北、西南地区。

◎ 饮食宜忌：一般人群皆可食用，尤适宜风湿病、气喘或痛经患者。

地下根茎细长节状，有叶柄脱落痕迹

根茎表面粗糙，绿色

食用部位：嫩叶、根茎 ｜ 食法：嫩叶可以焯熟后凉拌，其根茎磨碎后可以加工成芥末

别名：安妮女王的蕾丝
性味：性凉，味甘、辛　　繁殖方式：播种

野胡萝卜

　　二年生草本，株高 15~120 厘米。茎上被有
白色的粗硬毛。叶片基生，呈长圆形，
叶端较尖，叶面或光滑无毛，或被粗
糙的硬毛，有叶鞘，但几乎无叶柄。复
伞状花序，开白色或淡红色花，花裂片呈线形。
果实呈卵圆形，上面有棱，而棱上有白色刺毛。

◎ 功效主治：根茎入药，具有健脾化滞、凉
肝止血、清热解毒的功效，常用于辅助治
疗蛔虫、绦虫、钩虫病、虫积腹痛、小儿疳积、
阴痒等症。

◎ 习性：适应性较强，生长范围广泛。

◎ 分布：江苏、安徽、浙江、江西、湖北、四川、
贵州等地。

◎ 饮食宜忌：一般人群皆可食用，尤适宜
脘腹痛、泄泻、喘咳、百日咳、咽喉肿痛、麻疹、
水痘或痈肿患者。

茎单生，全体
有白色粗硬毛

复伞形花序，
羽状分裂，
花通常白色

茎生叶近无柄，
有叶鞘

种子呈褐色，扁平
状，被花蕾包围着

食用部位：根茎　食法：根茎用清水洗干净后，可与其他菜品一起炒食，也可炖食

別名：宝塔菜、地蚕、草石蚕、土人参
性味：性平，味甘　　繁殖方式：播种

甘露子

　　多年生草本，株高 30~120 厘米。须根主要生长在茎基部。白色的根茎多数匍匐在地面，茎节上还长有鳞状叶和少数须根，块茎肥大呈念珠状或螺蛳状。叶片呈卵圆形。轮伞花序开粉红色至紫红色花，下唇上还点缀有紫色斑点。

顶生穗状花序，粉红至紫红色

茎生叶卵圆形

◐ 功效主治：块茎入药，性平、味甘，具有祛风利湿、活血散淤的功效，常用于缓解黄疸、尿路感染、风热感冒、肺结核、毒疮等症。

根茎白色，顶端有螺蛳形的肥大块茎

◐ 习性：喜温暖、湿润的环境，不耐热，不耐寒，也不耐旱，常生长在近水源处。

◐ 分布：全国各地均有。

◐ 饮食宜忌：脾胃虚弱或腹泻腹痛者不可服用。

食用部位：块茎	食法：块茎可制蜜饯、酱渍或腌渍品，以凉拌为主，还可制成咸菜或罐头

別名：鲜地黄、干地黄、熟地黄　　性味：性寒，味甘、苦　　繁殖方式：根茎、播种

地黄

　　多年生草本，株高 10~30 厘米。肉质茎，幼嫩时为黄色，上面还被有灰白色的长柔毛和腺毛。叶片绿色，呈卵形至长椭圆形，叶缘有不规则的圆钝锯齿，叶片整体排列成莲座状。开紫红色花，花冠呈弯曲的筒状。蒴果呈卵形至长卵形。

花冠筒状，弓曲，紫红色

叶片卵形至长椭圆形，边缘具锯齿

◐ 功效主治：根、嫩叶入药，具有凉血止血、生津润燥、滋阴清热的功效。

◐ 习性：喜温暖且阳光充足的环境，耐寒，适宜土层深厚、疏松肥沃的沙质土壤。

◐ 分布：各地均有栽培。

◐ 饮食宜忌：性质黏腻，有碍消化，凡脾胃虚弱、脘腹胀满者忌服。

根茎肉质，鲜时黄色

食用部位：根叶	食法：可以用来煮汤，也可榨取汁液后和面做成面食

桔梗

　　多年生草本，株高 20~120 厘米，无分枝。根肉质肥厚，较为粗大，呈圆锥形，有时还有分叉，根的外表皮呈黄褐色。叶片轮生，呈卵形或卵状披针形，叶缘有细锯齿。顶生假总状花序，开蓝色或紫色大花。球状蒴果。

○ 功效主治： 根、嫩叶入药，是我国传统的中药材，性微温、味苦，具有祛痰止咳、宣肺排脓的功效，常用于缓解咳嗽痰多、咽喉肿痛、胸满胁痛、肺痈等症。

○ 习性： 喜光、温暖和湿润凉爽的气候。

○ 分布： 中国大部分地区皆有种植。

○ 饮食宜忌： 凡气机上逆、呕吐、呛咳、眩晕、阴虚火旺或咯血者不宜用；胃溃疡或十二指肠溃疡者慎服。用量过大易致恶心呕吐。

茎高 20~120 厘米，不分枝

花冠大，蓝色或紫色

叶片卵形或卵状披针形，边缘具细锯齿

根粗大，肉质，圆锥形或有分叉，外皮黄褐色

食用部位： 嫩叶、根　**食法：** 嫩叶可代替蔬菜，新鲜的根在清洗、微煮及浸泡后，可炒食或腌渍

別名：蒟蒻芋、雷公枪、莒蒻、妖芋
性味：性寒，味辛　　繁殖方式：播种

魔芋

多年生草本。扁球状的块茎为暗红褐色，块大，上面长有肉质根及纤维状须根。叶片为羽状复叶，基生，呈长圆状椭圆形，绿色；叶柄为粗壮的圆柱形。开紫红色花，会散发出难闻的恶臭。

羽状复叶，长圆状椭圆形

- 功效主治：地下块茎入药，具有活血化淤、解毒消肿、宽肠通便的功效。
- 习性：多生长于林缘、疏林下以及溪谷两旁的湿润地。
- 分布：四川、湖北、云南、贵州等地。
- 饮食宜忌：伤寒感冒、消化不良或有皮肤病者应少食用。生魔芋有毒，必须煎煮 3 小时以上才可食用。

块茎扁球形，暗红褐色

食用部位：地下块茎　食法：块茎可磨制成魔芋粉，然后可制成其他食品

别名：防风党参、黄参、防党参　　性味：性平，味甘、微酸　　繁殖方式：播种

党参

多年生草本。根部肉质肥厚，呈纺锤状，为灰黄色，上部有细密的环纹，下部则生有稀疏的皮孔。分枝较少，一般在茎的中下部有少数分枝。枝端开淡紫色花，花与叶柄互生，花冠呈阔钟状，有花梗。

花单生于枝端，淡紫色

- 功效主治：根入药，临床常与白术、茯苓配伍，用来治疗中气不足所致的体虚倦怠、食少便溏等症。
- 习性：喜气候温和、空气湿润的环境。
- 分布：东北、华北及宁夏、甘肃、青海等地。
- 饮食宜忌：气滞或肝火盛者禁用，邪盛而正不虚者不宜用。

干燥根表面黄棕色或灰黄色，多入药

食用部位：根　食法：党参主要用来煲汤，或作配料，具有滋阴补肾的作用

別名：观音掌、霸王树、龙舌、火焰
性味：性凉，味苦　　繁殖方式：扦插

仙人掌

　　丛生肉质灌木，株高 1.5~3 米。茎上部的叶片呈宽倒卵形或近圆形，叶基则渐窄，有时则呈楔形，绿色，小窠长有黄色的刺。开紫红色花，花被片呈倒卵形或匙状倒卵形。浆果呈倒卵球形，顶端向下凹陷，而基部则渐渐变窄，呈柄状。

○ 功效主治：根茎入药，具有清热解毒、健胃补脾、清咽润肺、养颜护肤等功效，常用来辅助治疗胃病、十二指肠溃疡、痔疮、痢疾、咳嗽、乳腺炎等症。

○ 习性：喜强光，可在接受阳光直射，能耐热，耐旱，耐贫瘠，适应能力极强。

○ 分布：西南、华南及浙江、江西、福建、广西、四川、贵州、云南等地。

○ 饮食宜忌：脾胃虚弱者少食，脾胃虚寒者忌用。

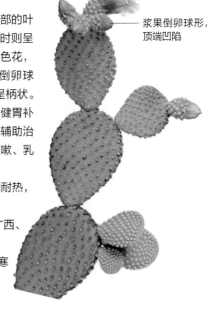
浆果倒卵球形，顶端凹陷

瓣状花被片紫红色，倒卵形或匙状倒卵形

茎倒卵形或近圆形，小窠疏生，具 3~10 根刺

食用部位：根茎　食法：仙人掌的嫩茎可以当作蔬菜食用，可炒食，也可炖汤

别名：多花蓼、紫乌藤、九真藤
性味：性微温，味苦、甘、涩　　繁殖方式：播种、扦插、分株

何首乌

叶卵形或长卵形，顶端渐尖，基部心形

多年生缠绕藤本植物，长达 4 米，分枝较多。肥厚的块根呈长椭圆形，黑褐色。单叶互生，呈卵形或长卵形，叶端较尖，叶基呈心形或近心形，叶柄较长。顶生或腋生圆锥状花序，开白色或淡绿色花。

◐ **功效主治**：块根入药，具有养心安神、通经活络、补益精血，以及乌须发、补肝肾、强筋骨等作用。

◐ **习性**：一般生长在海拔 200~3000 米的地区。

◐ **分布**：主要分布在我国东部地区。

◐ **饮食宜忌**：适宜须发早白、腰膝酸痛、头晕目眩、遗精、便秘等患者服用，而大便清泄、有湿痰者则忌用。

食用部位：块根、嫩茎叶 ｜ **食法：块根主要用来煲汤**

别名：荠苨、裂叶沙参、甜桔梗　　性味：性寒，味甘　　繁殖方式：播种

展枝沙参

多年生草本。根块状，像胡萝卜。叶片轮生，呈菱状卵形至菱状圆形，叶缘有锯齿。圆锥花序，花朵的颜色一般有蓝色、蓝紫色，也有极少数的白色，花裂片则呈椭圆状披针形。

花序常为宽金字塔状，蓝色、蓝紫色

◐ **功效主治**：嫩叶、根入药，具有养阴润肺、生津益胃、化痰补气的功效。

◐ **习性**：一般生长在海拔 500~1600 米的地区。

◐ **分布**：河北、山西、吉林、黑龙江、辽宁、山东等地。

◐ **饮食宜忌**：一般人群皆可食用，胃寒脾虚者慎服。

叶全部轮生，叶片常菱状卵形至菱状圆形，边缘具锯齿

食用部位：嫩叶、根 ｜ **食法：嫩叶在洗净、焯水后，可凉拌、炒食或煲汤等**

別名：杏参、土桔梗、空沙参、长叶沙参
性味：性寒，味甘　　繁殖方式：播种

杏叶沙参

　　多年生草本，无分枝。根呈圆柱形。茎部一般无毛，但有时也稍有白色短硬毛。叶片呈卵圆形至卵状披针形，叶缘有稀疏的锯齿。圆锥花序，开蓝色、紫色或蓝紫色花，花冠呈钟状，花裂片为三角状卵形。

◐ 功效主治：嫩茎叶入药，具有强中消渴、清热解毒的功效。

◑ 习性：一般生长在海拔 800~2000 米的地区。

◐ 分布：广西、江西、广东、河南、贵州、四川、山西、陕西、湖北、湖南、河北等地。

◐ 饮食宜忌：一般人群皆可食用，尤适宜疗疮肿毒或脸上有黑疱的患者。胃寒脾虚者慎服。

圆锥花序，大而疏散，蓝色、紫色或蓝紫色

叶片卵圆形至卵状披针形，边缘具疏齿

茎不分枝

食用部位：嫩茎叶	食法：采集嫩叶后用沸水焯熟，洗净后凉拌，也可炒食或炖汤

別名：鸡头黄精、黄鸡菜、笔管菜　　性味：性平，味甘　　繁殖方式：根茎、播种

黄精

　　多年生草本，株高 50~90 厘米，有时也呈攀缘匍匐状。根茎粗壮，肉质肥厚，呈扁圆形，黄白色，匍匐在地面上。叶片轮生，呈条状披针形，叶端呈卷曲状。伞状花序，开乳白色至淡黄色小花。

◐ 功效主治：根、嫩叶入药，具有补气养阴、健脾润肺、补肾的功效，常用于改善脾胃虚脱、精血不足等症。

◑ 习性：喜阴凉、潮湿的环境，耐寒，忌旱。

◐ 分布：河北、内蒙古、陕西等省区。

◐ 饮食宜忌：中寒泄泻或痰湿痞满气滞者忌服。

叶轮生，条状披针形

根茎横生，肥大，肉质，黄白色，略呈扁圆形

食用部位：根叶	食法：嫩叶可以焯熟后凉拌，还可以制成黄精炖瘦肉、黄精粥等

别名：山牛蒡、蒡翁菜、东洋参、牛菜
性味：性凉，味甘　繁殖方式：播种

牛蒡

　　二年生草本，株高达 2 米，直立生长。根肉质，较粗大，垂直生长，可长达 15 厘米。茎呈紫红色或淡紫红色。叶片基生，呈宽卵形，叶缘有稀疏的浅波状凹齿，叶基呈心形。伞房花序，开紫红色小花。浅褐色的瘦果呈倒长卵形或偏斜倒长卵形。

◎ 功效主治：根茎入药，具有降血糖、降血脂、降血压、补肾壮阳、润肠通便的作用，常用于便秘、高血压、高胆固醇症的食疗。

◎ 习性：喜温暖湿润的气候，耐寒、耐热。

◎ 分布：东北、华北、西北、华东、华中、西南等地。

◎ 饮食宜忌：初次食用者部分会出现排便次数增加现象。因牛蒡有辅助降三高的作用，有降血压、降血脂、降血糖的功效，请间歇食用。

基生叶宽卵形，
边缘具浅波状
凹齿

瘦果倒长卵形，
浅褐色

伞房花序，
小花紫红色

茎直立，紫红或
淡紫红色

食用部位：肉质根、嫩茎　食法：肉质根可炒食、煮食或生食。嫩茎叶可以炒食或做汤

菊芋

　　多年生草本，株高 1~3 米，直立生长，有分枝。地下茎呈块状、纤维状，还被有白色的短糙毛或刚毛。叶片对生，呈长椭圆形至阔披针形，叶端呈短尾状，有叶柄。顶生头状花序，开黄色大花，花冠呈舌状。

● **功效主治：** 块茎入药，具有清热凉血、消肿止痛、解毒的功效，常用来缓解热病、肠热出血、跌打损伤等症。

● **习性：** 耐寒抗旱，耐瘠薄，对土壤要求不严，除酸性土壤外皆可。

● **分布：** 全国各地均有。

● **饮食宜忌：** 一般人群皆可食用，尤适宜热病、肠热出血、跌打损伤或折肿痛患者。菊芋性凉，孕妇忌服。

头状花序较大，舌状花黄色

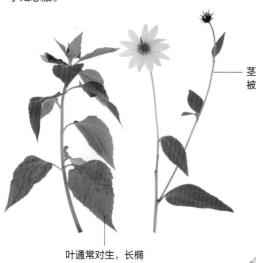

茎直立，有分枝，被白色短糙毛

叶通常对生，长椭圆形至阔披针形

块状的地下茎及纤维状根，富含淀粉、菊糖等果糖多聚物

食用部位：块茎　食法： 块茎可直接煮食或煲汤，也可在腌制或晒制后食用，还可提取淀粉

别名：青菀、紫倩、青牛舌头花

性味：性温，味苦、辛　　繁殖方式：播种、扦插

紫菀

　　多年生草本，株高 40~50 厘米。根状茎较粗壮，向上倾斜生长。叶片呈长圆状或椭圆状匙形，叶缘有圆齿或浅齿，上被短糙毛，茎基部的叶片到花期还会脱落。头状花序，开蓝紫色花，花瓣呈舌状。

◎ **功效主治**：根、花入药，具有很好的抗菌作用，常用于治疗肺虚、小便不利、痰多咳嗽等症。

◎ **习性**：喜温暖湿润的气候，耐涝、怕干旱，耐寒性较强。

◎ **分布**：原产于东北、西北、华北地区，现主产河北、安徽、东北及内蒙古。

◎ **饮食宜忌**：一般人群皆可食用，尤适宜咳嗽、肺虚劳嗽、肺痿肺痈、咳吐脓血或小便不利患者。有实热者慎服。

头状花序多数，
舌状花蓝紫色

叶长圆状或椭圆状匙形，边缘具圆齿或浅齿

茎直立，粗壮，疏生短毛

食用部位：嫩苗、根 | 食法：嫩苗经沸水焯熟后可凉拌，也可炒食，如紫菀炒肉丝

别名： 野菱、刺菱、菱实、水菱　　　**性味：** 性平，味甘　　　**繁殖方式：** 无性繁殖

菱角

一年生水生草本。二型根，一种是扎根水底的根，呈细铁丝状，一种是在水中的同化根，为羽状细裂。叶片呈菱圆形或三角状菱圆形。开白色小花，有4枚花瓣。果实呈三角状菱形，外面长有淡灰色的长毛。

○ **功效主治：** 嫩茎叶、果实入药，具有利尿通乳、止渴、解酒毒的作用。

○ **习性：** 一般栽生于温带气候的湿泥地中，气候不宜过冷。

○ **分布：** 长江中上游陕西西南部，平原安徽、江苏、湖北、湖南、江西及浙江、福建、广东、台湾等。

○ **饮食宜忌：** 鲜果生吃过多易损伤脾胃，宜煮熟吃。

果三角状菱形，表面具淡灰色长毛，两肩角直伸或斜举

食用部位：嫩茎叶、果实	食法：菱秧洗净剁成泥，辅以肉馅制成包子。菱实幼嫩时可生食

别名： 马蹄、水栗、芍、凫茈　　　**性味：** 性寒，味甘　　　**繁殖方式：** 无性繁殖

荸荠

多年生沼泽生草本。细长的根状茎呈匍匐状，根茎末端膨大，呈扁圆形球状，黑褐色；地上茎丛生而不分枝，呈圆柱形，绿色，内部中空，外表光滑。叶片已呈退化状，非常容易脱落。果实为小型坚果，外皮则为革质。

○ **功效主治：** 球茎入药，具有清热解渴、利湿化痰、降血压、开胃消食的作用。

○ **习性：** 喜温暖、湿润且阳光充足的环境，不耐寒冻，适宜土层深厚、疏松肥沃、排水良好的土壤。

○ **分布：** 广西、江苏、安徽、浙江、广东、湖南、湖北等低洼地区。河北部分地区也有分布。

○ **饮食宜忌：** 不适宜小儿消化力弱者，此外脾胃虚寒、大便溏泄或有血淤者不宜食用。

小坚果，果皮革质

根状茎扁圆形球状，直径约4厘米，黑褐色，肉白色

食用部位：球茎	食法：可用来烹调，炒、烧或做馅心。可作为水果，可制罐头、凉果蜜饯

第四章
果籽类野菜

以植物的果实作为食用部分的野菜，
种类较为丰富，如各种豆类和瓜果类野菜。
它们大多数是未成熟的果实，
这也是区别于水果的一个特征。
食用果籽类野菜一般不需要过多处理，
大多数野菜的果实都可直接生食。
果籽类野菜不仅可以鲜食，美味可口，
而且还能加工成果干、果酱、
蜜饯、果酒、果汁和果醋等食品。

别名：菠麦、乌麦、花荞
性味：性平，味苦　　繁殖方式：播种、根茎或扦插

苦荞麦

　　一年生草本，株高30~70厘米，直立生长，有分枝。有膜质的托叶，为黄褐色，叶鞘呈偏斜状。顶生或腋生总状花序，开稀疏的白色或淡红色花，花被片呈椭圆形。结灰褐色瘦果，整体呈长卵形，外表面光泽暗淡，上面还3条棱和3条纵沟。

○ **功效主治**：嫩叶、种子入药，具有开胃健脾、通便润肠、消炎止咳、祛痰平喘、抗氧化、降血糖、降血脂的功效，对胃酸过多有抑制作用。其还是糖尿病患者主粮的最佳选择。

○ **习性**：适应性较强，喜温暖的气候。

○ **分布**：东北、内蒙古、河北、山西、陕西、甘肃、青海、四川、云南。

○ **饮食宜忌**：一般人群皆可食用，尤适宜高血压、高血脂、动脉硬化、冠心病、心肌梗死、脑梗死或脑出血患者。

茎直立，分枝，黄褐色

花序总状，顶生或腋生，白色或淡红色

瘦果长卵形，灰褐色，无光泽

食用部位：嫩叶、种仁　**食法**：胃寒患者可用苦荞米和大米煮粥食用以缓解胃寒

別名：鸡头米、鸡头、鸡头莲、鸡头苞

性味：性平，味甘　　繁殖方式：播种、分株

芡实

一年生大型水生草本。叶片可分为沉水叶和浮水叶，沉水叶呈箭形或椭圆形，浮水叶则呈椭圆形至圆形。轮伞花序，开紫红色花，花瓣呈矩圆披针形或披针形。结球形浆果，为深紫红色，整个果径味3~5厘米。球形种子外被乳白色假种皮。

浮水叶革质，椭圆肾形至圆形，全缘

◐ 功效主治：种子入药，具有补中益气、提神强志、开胃补肾的功效。

◐ 习性：适应性强，喜温暖水湿，不耐霜冻和干旱。

◐ 分布：黑龙江、吉林、河北、河南、山东、江苏、安徽、浙江、福建等地。

◐ 饮食宜忌：平素大便干结或腹胀者忌食。

种子球形，外披有1层较厚的假种皮，呈乳白色

食用部位：种仁　**食法：洗净后可直接生食，也可与其他原料配伍，熬成各种风味的粥**

別名：通血图、木罕、曼姆　　性味：性凉，味酸、甘　　繁殖方式：播种

酸角

常绿乔木，株高6~25米。树木的外皮为暗灰色，还开裂成片状。叶为羽状复叶，小叶对生或互生，呈长圆形。一般开黄色花，也有少数带紫红色条纹的花，花瓣呈倒卵形，有波状边缘。棕褐色的荚果呈圆柱状长圆形。种子的数量一般为3~14颗，亮褐色。

羽状复叶互生，小叶对生，长圆形

◐ 功效主治：果实入药，具有生津消暑、清热解毒的功效，常用于辅助治疗腹泻。

◐ 习性：生长在热量条件好、降雨少、海拔不超过1500米的旱坡地。

◐ 分布：福建、广东、广西、四川等省区的南部及海南、台湾。

◐ 饮食宜忌：胃酸过多者不宜食用酸角。

荚果圆柱状长圆形，棕褐色，种子褐色

食用部位：果实　**食法：果肉可直接生食，还可加工成高级饮料或食品**

别名：落豆秧、山黄豆、乌豆、野料豆
性味：性温，味甘　繁殖方式：播种

野大豆

　　一年生缠绕草本，匍匐生长，长1~4米。茎枝较细弱，被有稀疏的褐色长硬毛。小叶呈卵圆形或卵状披针形，叶面、叶背均被有绢状的糙伏毛。荚果略微弯曲，整体呈长圆形，外表被有浓密的长硬毛。种子一般为2~3颗，呈扁状椭圆形，褐色至黑色。

● 功效主治：种子入药，具有平肝、明目、强筋的功效，常用来缓解头晕、目昏、肾虚腰痛、筋骨疼痛、小儿消化不良等症。

● 习性：喜湿润环境，常见于河湖边、湿地、沼泽及灌丛等近水源处，而在干旱地区则较为少见。

● 分布：除新疆、青海和海南外均有分布。

● 饮食宜忌：一般人群均可食用，幼儿或尿毒症患者忌食，对黄豆有过敏体质者不宜多食。

顶生小叶卵圆形或卵状披针形，全缘

荚果较短，约有2厘米

茎、小枝纤细，全体疏被褐色长硬毛

荚果长圆形，稍弯，两侧稍扁

食用部位：种仁 ｜ 食法：剥取荚果里的豆子煮食，或者磨面食用

別名：白麻、青麻、野麻、野苧麻、八角乌、孔麻
性味：性平，味苦　　繁殖方式：播种

苘麻

一年生亚灌木状草本。茎枝上密生短柔毛。叶片互生，呈心形，叶端渐尖，叶基呈心形，叶缘有细圆的锯齿，叶面、叶背均生星状柔毛。花开于叶腋，颜色为黄色，花瓣呈倒卵形，花期7~8月。半磨盘形蒴果的直径约2厘米，果皮上有星状柔毛，果期为8~9月。黑色或浅灰色种子呈肾形。

◯ 功效主治：全株入药，具有清热利湿、解毒功效。

◯习性：生于路旁、田野，对环境要求不高。

◯分布：四川、湖北、河南、安徽等地。

◯饮食宜忌：适宜赤白痢疾、小便不利、目肿目痛患者食用。

叶为心脏形，互生

蒴果呈半磨盘形，密生短茸毛，成熟时呈黄褐色，不完全开裂

食用部位：种子　　食法：鲜嫩的果籽可直接食用，成熟的果籽需晒干磨成粉烹饪

別名：大巢菜　　性味：性寒，味甘　　繁殖方式：播种

救荒野豌豆

一年生或二年生草本，株高15~90厘米。茎可向上斜生长，也可攀缘匍匐生长，外稍被柔毛。羽状复叶为偶数，小叶则有2~7对，呈长椭圆形或近心形。腋生紫红色或红色花。荚果呈长圆形，土黄色，外表皮长有毛。一般有4~8颗棕色或黑褐色种子，它们呈圆球形。

◯ 功效主治：果实入药，具有清热利湿、和血祛淤的功效。

◯ 习性：性喜温凉气候，抗寒能力强。

◯ 分布：全国各地均有。

◯饮食宜忌：种子中含有生物碱和氢苷，食用过量能使人畜中毒。

花冠紫红色或红色

羽状复叶，小叶2~7对，长椭圆形或近心形

食用部位：荚果　　食法：嫩荚果可直接煮食，而成熟后的荚果可剥取里面的种子煮食或磨碎食用

黄秋葵

　　一年生草本植物，株高 1~2 米，直立生长。它拥有发达的主根。绿色或暗紫色茎呈圆柱形。叶为掌状 5~7 回深裂，叶片互生，呈披针形至三角形，叶缘有不规则锯齿。开黄色花，但花朵内的基部为暗紫色。长圆形蒴果顶端较尖，外表皮则有黄色或淡黄色长硬毛。

⊃ **功效主治**：嫩叶、果实入药，幼果中含有一种黏性物质，可助消化，治疗胃炎、胃溃疡，并可以保护肝脏及增强人体耐力。花、种子和根对恶疮、痈疖有疗效，有一定的抗癌作用。

⊃ **习性**：喜温暖、怕严寒，耐热力强。

⊃ **分布**：全国各地均有。

⊃ **饮食宜忌**：黄秋葵属于性味偏于寒凉的野菜，胃肠虚寒、胃功能不佳或经常腹泻的人不可多食。

叶互生，掌状 5~7
回深裂，边缘具不
规则锯齿

花黄色，内面基部暗
紫色

蒴果长圆形，顶端尖，
被黄色或淡鹅黄色长
硬毛

食用部位：嫩叶、果实　**食法**：凉拌、热炒、油炸等，在凉拌和炒食前需用沸水焯熟

别名：乌麦、铃铛麦
性味：性温，味甘　　繁殖方式：播种

野燕麦

　　一年生草本，高 60~120 厘米，直立生长。茎上有 2~4 节的茎节，外表则光滑无毛。叶片呈扁平状，叶面稍粗糙，叶面或叶缘有稀疏的柔毛。圆锥花序。纺锤形的颖果外被淡棕色柔毛，上面还有长 6~8 毫米的纵沟。

◐ 功效主治：种子入药，具有湿补、止血、敛汗的作用，能辅助治疗虚汗不止。

◐ 习性：生命力强，喜潮湿。

◐ 分布：全国各地均有。

◐ 饮食宜忌：一般人群皆可食用，尤适宜吐血、血崩、白带异常、便血、自汗或盗汗患者，但不可多食。

颖果纺锤形，被淡棕色柔毛

叶片扁平，微粗糙，或上面和边缘疏生柔毛

秆直立，光滑无毛

食用部位：种仁 ┃ 食法：种子去皮后可以磨成面，制成饼等食品

别名：薏米、药王米、薏仁　　性味：性微寒，味甘、淡　　繁殖方式：播种

薏苡

　　一年生粗壮草本，株高 1~2 米，直立生长，丛生。海绵质的须根色是黄白色。颖果呈椭圆形，成熟后，质地坚硬。种子呈卵形，为红色或淡黄色。

◐ 功效主治：种子入药，具有健脾益胃、清热除湿、缓和拘挛的功效，常用于缓解脾虚泄泻、水肿脚气、白带异常、关节疼痛、肠痛、肺痿等症。

◐ 习性：喜温暖暖湿润的气候，怕干旱、耐肥。

◐ 分布：全国各地均有。

◐ 饮食宜忌：便秘及身体虚冷者不宜食用，孕妇及经期女性不宜食用。

颖果成熟时，外面的总苞坚硬，呈椭圆形

种皮红色或淡黄色，种仁卵形

食用部位：种仁 ┃ 食法：先放入温水中浸泡 2~3 个小时，之后再煮比较容易熟

別名：苦杞、枸忌、仙人仗
性味：性平，味甘　繁殖方式：播种、扦插

枸杞

多分枝灌木，株高 50~100 厘米。枝茎纤细柔弱，呈弯曲或下垂状，淡灰色，枝顶则呈棘刺状。单叶互生或簇生，叶片呈长椭圆形或卵状披针形。淡紫色的花生于叶腋，花冠呈漏斗状。红色浆果呈卵状。

● 功效主治：嫩叶、果实入药，具有滋补肝肾、益精明目、养血的功效，可增强免疫力、软化血管、降低血液中的胆固醇，常用于改善肝肾阴亏、虚劳精亏、腰膝酸痛等症。

● 习性：喜光照，对土壤要求不严，耐盐碱、耐肥、耐旱、怕水渍。

● 分布：宁夏、甘肃、新疆、内蒙古、青海等地。

● 饮食宜忌：外感实热或脾虚泄泻者不宜食用。感冒发热、身体有炎症、腹泻患者或高血压患者最好别吃。枸杞一般不宜和过多茶性温热的补品同食，如桂圆、红参。

叶纸质，长椭圆形、卵状披针形

枝条细弱，弓状弯曲或俯垂，淡灰色

浆果红色，卵状，顶端尖或钝

花在长枝上单生或双生于叶腋，淡紫色

食用部位：嫩叶、果实　食法：生食、煎汤、熬膏或浸酒，也放入茶水、羹汤或菜肴里

别名：白果、公孙树、鸭脚树
性味：性平，味甘、苦　　繁殖方式：播种、扦插、嫁接

银杏

　　乔木。茎枝向上斜生长，近轮生。叶片呈扇形，淡绿色，枯老时才变黄色，叶面上有并列细脉，叶柄较长，此外，短枝上的叶片叶缘有波状缺刻。种子呈椭圆形、卵圆形或近圆球形，具有下垂的长梗，肉质外皮在成熟时变为黄色或橙黄色，外皮上还被有白粉。

● 功效主治： 果实、根、嫩叶入药，具有活血止血、消积止痢、清热解毒的功效，常用来辅助治疗消化不良、肠炎、痢疾、小儿疳积、跌打损伤、疮疡肿毒等病症。

● 习性： 喜强光，耐贫瘠，抗干旱，不耐寒，以排水良好、湿润、疏松的中性或微酸性土壤为好。

● 分布： 陕西、江苏、浙江、福建、湖北、湖南、广西、四川、云南、贵州等地。

● 饮食宜忌： 一般人群皆可食用，尤适宜月经不调、吐血便血、小儿疳积或白带异常患者。

枝近轮生，斜上伸展

种子具长梗，下垂，常为椭圆形、卵圆形或近圆球形

外种皮肉质，熟时黄色或橙黄色，外被白粉

叶扇形，有长柄，淡绿色，无毛

食用部位：果肉 ┃ 食法： 银杏果实可直接炒食、煮食等，也可用来制作蜜饯、饮料等

第五章
幼苗类野菜

幼苗是种子发芽后生长初期的幼小植物体，
分为子叶出土的幼苗和子叶留土的幼苗。
幼苗类野菜，有的可直接烹调后食用，
有的则需要在沸水中煮一下，
捞出后用清水漂洗干净，
去除苦味和涩味后再进行烹饪。

皱果苋

　　一年生草本，株高 40~80 厘米，直立生长，略有分枝。茎部为绿色或略带紫色。叶片呈卵形、卵状矩圆形或卵状椭圆形，叶端向内凹，也有少数钝圆的，叶缘稍呈波状。顶生圆锥花序，穗状花序构成圆锥花序。种子近球形。

叶片卵形、卵状矩圆形或卵状椭圆形

◎ **功效主治**：嫩苗入药，具有滋补、清热解毒、消肿止痛、利尿润肠的功效，其含有丰富的铁，能维持正常的心肌活动，防止肌肉痉挛。

◎ **习性**：阴生，喜生于疏松的干燥土壤。

◎ **分布**：东北、华北、华东、华南和云南等省区。

◎ **饮食宜忌**：适宜胃痛、腹泻、肺热咳嗽、气管炎或肠炎患者食用。

茎直立，稍有分枝

食用部位：幼苗、嫩茎叶　**食法**：嫩茎叶在焯水、浸泡后，凉拌、炒食或煲汤等皆可

紫花苜蓿

　　多年生草本，株高 30~100 厘米。它扎根较深，根部也较粗壮。茎部，或直立，或匍匐。叶为羽状三出复叶，小叶呈长卵形、倒长卵形至线状卵形，深绿色，叶上部无毛，下部则被柔毛。总状花序或头状花序，开淡黄色、深蓝色至暗紫色花，颜色多样。

花序总状或头状，花冠各色，淡黄、深蓝至暗紫色

◎ **功效主治**：嫩苗入药，能促进体内滞留水分的排出，对女性月经期水肿、痛风患者的尿酸排出有良好的效果。

◎ **习性**：喜干燥、温暖的环境，以疏松、排水良好、富含钙质的土壤为佳。

茎直立、丛生以至平卧

◎ **分布**：西北、华北、东北、江淮流域。

◎ **饮食宜忌**：适宜水肿或痛风患者食用。

羽状三出复叶，小叶长卵形、倒长卵形至线状卵形

食用部位：嫩苗叶　**食法**：嫩叶可以做汤或炒食，也可以切碎凉拌或拌面蒸食

別名：黄花苜蓿、金花菜
性味：性平，味苦、微涩　　繁殖方式：播种

南苜蓿

　　一年生或二年生草本，株高 20~90 厘米。茎部，或直立，或匍匐。叶为羽状三出复叶，小叶呈倒卵形或三角状倒卵形，叶端圆钝，叶基呈阔楔形，叶缘有浅锯齿，叶上部无毛，下部则被稀疏的柔毛。头状花序，开黄色花，旗瓣呈倒卵形，每株开 2~10 朵花。

◎ 功效主治：嫩苗入药，具有清热利尿的功效，其含有大豆异黄酮、苜蓿酚，具有雌激素的生物活性，可防止肾上腺素的氧化。

◎ 习性：喜生于较肥沃的路旁、荒地，较耐寒。

◎ 分布：安徽、江苏、浙江、湖北、湖南等地。

◎ 饮食宜忌：一般人群皆可食用，尤适宜黄疸、膀胱结石或尿路结石患者。

花序头状伞形，花冠黄色

羽状三出复叶，小叶倒卵形或三角状倒卵形

茎平卧、上升或直立

食用部位： 嫩苗叶　　**食法：** 用清水洗净，然后放入开水中焯一下，捞出后可凉拌、炒菜

别名：翻白菜、根头菜、小毛药　　性味：性寒，味苦　　繁殖方式：播种

委陵菜

　　多年生草本，株高 20~70 厘米，直立生长。根略微木质化，呈圆柱形，较粗壮。叶为羽状复叶，叶片绿色，叶缘锐裂。伞房状聚伞花序，开黄色花，花瓣呈宽倒卵形，花萼片呈三角卵形，花瓣顶端微凹，但也比花萼片略长。

◎ 功效主治：嫩苗入药，具有清热解毒、凉血止痢、祛风止痛的功效，常用于缓解赤痢腹痛、久痢不止、痔疮出血、痈肿疮毒等症。

◎ 习性：喜微酸性至中性、排水良好的湿润土壤。

◎ 分布：全国各地均有。

◎ 饮食宜忌：慢性腹泻伴体虚者慎用。

羽状复叶，狭长卵圆形

花瓣黄色，宽倒卵形

食用部位： 嫩苗叶、根　　**食法：** 嫩叶可凉拌或清炒，块根可生食或煮食，或磨成面掺入主食

別名：小蓟、青青草、蓟蓟草
性味：性凉，味甘、微苦　　繁殖方式：播种

刺儿菜

多年生草本，高 30~80 厘米，直立生长。叶片呈椭圆形、长椭圆形或披针形，叶面、叶背均被薄茸毛，颜色均为绿色，或只在叶下部颜色稍淡。头状花序，开紫红色或白色小花，总苞片呈卵形、长卵形或卵圆形。

○ 功效主治：嫩苗入药，具有凉血、祛淤、止血的功效，常用于吐血、尿血、外伤出血等症的治疗。

○ 习性：喜温暖湿润的气候，耐寒、耐旱。

○ 分布：东北、华北、西北、西南地区。

○ 饮食宜忌：脾胃虚寒或体虚多病者慎食。

头状花序单生茎端，小花紫红色或白色

叶椭圆形、长椭圆形或披针形

食用部位：幼苗、嫩茎叶　食法：嫩茎叶可代替蔬菜食用，在洗净、焯水后适用于任何做法

別名：败酱草、小蓟、苦苣菜　　性味：性寒，味苦　　繁殖方式：播种

苣荬菜

多年生草本，株高 30~150 厘米，直立生长。根垂直向下生长。茎上有细条纹。叶片互生，呈披针形或长圆状披针形，叶端圆钝，叶基耳状，叶缘为浅裂状。顶生头状花序，开黄色花，花瓣呈舌状。

○ 功效主治：全草入药，具有清热解毒、凉血利湿、消肿排脓、祛淤止痛、补虚止咳的功效。

○ 习性：喜光照强、通风好的环境，对土壤要求不严。

○ 分布：陕西、宁夏、新疆、福建、湖北、湖南、四川、云贵、西藏等地。

○ 饮食宜忌：一般人群皆可食用，尤适宜贫血或白血病患者。

头状花序顶生，舌状花黄色

茎直立

多数叶互生，披针形或长圆状披针形

食用部位：全草　食法：可凉拌、蒸食、腌渍或做馅等

別名：地胡椒、鸡肠草、地铺圪草
性味：性温，味甘、辛　　繁殖方式：播种

附地菜

　　一年生草本。茎枝纤细，分枝多集中在基部。叶片互生，呈匙形、椭圆形或披针形，叶基较窄，叶面、叶背被有粗毛。总状花序，顶端呈旋卷状，开蓝色花。

◎功效主治：全株入药，具有温中健胃、消肿止痛、止血的功效。常用于胃痛、吐酸、吐血等症，外用治跌打损伤、骨折。

◎习性：生于田野、路旁、荒草地或丘陵林缘、灌木林间。

◎分布：西藏、云南、广西北部、江西、福建至新疆、甘肃、内蒙古、东北等地。

◎饮食宜忌：一般人群皆可食用，尤适宜胃痛、吐酸、吐血、跌打损伤或骨折患者。

花序顶端呈旋卷状，花冠蓝色

小叶互生，匙形、椭圆形或披针形

食用部位：全株 ┃ 食法：全株幼嫩茎叶可食，味道鲜美，用沸水炒熟后可凉拌、炒食或炖汤

別名：菱、地管子、尾参、委萎　　性味：性平，味甘　　繁殖方式：根茎

玉竹

　　多年生草本，株高 20~50 厘米。茎呈圆柱形。叶片互生，呈椭圆形至卵状矩圆形，叶下部略带灰白色，叶端较尖。开黄绿色至白色花。结蓝黑色浆果。

◎功效主治：幼苗、根茎入药，具有滋阴润肺、养胃生津的功效，其富含维生素A，可改善干裂、粗糙的皮肤状况，使之柔软润滑。

◎习性：宜温暖湿润的气候，喜阴湿环境，较耐寒。

◎分布：黑龙江、吉林、辽宁、河北、山西、内蒙古、甘肃、青海等地。

◎饮食宜忌：胃有痰湿气滞者忌食。玉竹的果实有毒，不可食用。

叶互生，椭圆形至卵状矩圆形

具 1~4 花，花被黄绿色至白色

食用部位：幼苗、根 ┃ 食法：根茎在洗净、焯水后，可凉拌、炒食、煮食或煲汤等

竹笋

多年生禾本类植物，竹笋的种类很多。它是竹子刚从土里长出来的嫩芽，长 10~30 厘米，可食用。竹子从簇状的根状茎中长出，而木质化的地上茎内部中空。叶片呈披针形，多数叶片无叶柄，只有分枝上的营养叶有短叶柄。

○ **功效主治**：嫩笋入药，具有滋阴凉血、和中润肠、清热化痰、利尿通便的功效，常用来治疗食欲不振、脘痞胸闷、大便秘结、酒醉恶心等症。

○ **习性**：喜温暖且阳光充足的环境，不耐寒冻，适宜土层深厚、疏松肥沃、排水良好的土壤。

○ **分布**：江西、安徽南部、浙江、珠江流域、福建、台湾等地。

○ **饮食宜忌**：患有胃溃疡、胃出血、肾炎、肝硬化、肠炎、尿路结石、低钙、骨质疏松或佝偻病的人不宜多吃。不能与羊肝、猪小排、红糖、糖浆一起食用。

竹竿上的叶无柄，披针形

竹的地上茎木质而中空，具多节

竹笋长 10~30 厘米，纵切面有横隔

竹笋为竹初从土里长出的嫩芽

食用部位：嫩笋　**食法：** 可以干烧，也可以直接炒食、凉拌、煎炒、熬汤或煮粥等

别名：石刁柏、龙须菜、青芦笋
性味：性凉，味甘、苦　　繁殖方式：无性繁殖

芦笋

　　一年生草本，株高达1米，直立生长。根部粗壮。茎表面光滑无毛，枝茎成簇，呈扁状圆柱形，上面有较钝的棱，枝端有鳞芽群。

○ 功效主治：嫩茎入药，具有润肺镇咳、祛痰杀虫、清热解毒、生津利水的功效，经常食用对心脏病、高血压、水肿、膀胱炎、贫血、关节炎等病有一定的疗效。

○ 习性：适应能力较强，耐寒，耐高温，适宜土层深厚、疏松肥沃、排水良好的土壤。

○ 分布：福建、河南、陕西、安徽、四川、天津等地。

○ 饮食宜忌：一般人群皆可食用，痛风患者不宜多食。

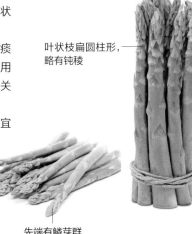

叶状枝扁圆柱形，略有钝棱

先端有鳞芽群

食用部位：嫩茎 | 食法：可代替蔬菜，能适用各种食法

别名：苇子、芦、芦柴　　性味：性寒，味甘　　繁殖方式：根茎

芦苇

　　多年生草本，株高1~3米，直立生长，分枝较多。发达的根状茎有20多节茎节，茎节周围还被蜡粉。叶片呈披针状线形，叶端渐尖，呈丝形。圆锥花序，下面还有浓密的穗状物。

○ 功效主治：嫩芽入药，具有清胃火、除肺热、健胃止呕、生津除烦、利尿解毒的作用，常用于缓解热病烦渴、胃热呕吐、肺痈、河豚毒等症。

○ 习性：适应能力较强，能适应各种土壤，既耐盐碱，又耐酸。

○ 分布：全国各地均有。

○ 饮食宜忌：一般人群皆可食用，尤适宜热病烦渴、胃热呕吐、反胃、肺痿或肺痈患者。

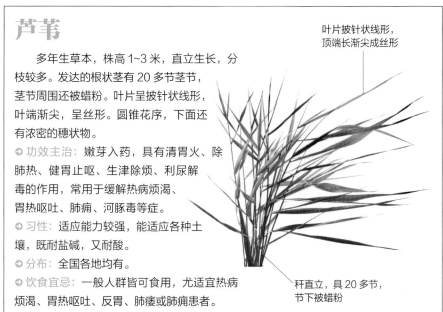

叶片披针状线形，顶端长渐尖成丝形

秆直立，具20多节，节下被蜡粉

食用部位：嫩芽 | 食法：可直接鲜食，还可凉拌、炒食、煮食或煲汤等

别名：茅、茅针、茅根
性味：性寒，味甘　　繁殖方式：无性繁殖

白茅

多年生草本，株高 30~80 厘米，直立生长。根状茎较粗壮，有 1~3 节的茎节。叶片质地较硬，呈狭窄的线形，还略微内卷，长 1~3 厘米，叶端渐尖，叶基渐窄，叶面还被白粉，叶基则稍被柔毛。

◎ **功效主治**：嫩芽入药，常用来缓解吐血、尿血、小便不利、热淋涩痛、水肿、湿热黄疸、胃热呕吐、肺热咳嗽等症。

◎ **习性**：适应能力较强，耐旱、耐阴、耐贫瘠，适宜疏松肥沃、排水良好的土壤。

◎ **分布**：全国各地均有。

◎ **饮食宜忌**：一般人群皆可食用，尤适宜吐血、尿血、小便不利、热淋涩痛或急性肾炎患者。

秆生叶片窄线形，被有白粉

秆直立，具1~3节，节无毛

食用部位：嫩芽　**食法：嫩芽剥皮后的嫩心可食用**

别名：水蜡烛、水烛、蒲黄　　性味：性凉，味甘　　繁殖方式：播种、分株

香蒲

多年水生或沼生草本，直立生长。乳黄色或灰黄色的根状茎较粗壮。叶的上半部扁平，叶的中、下部稍向内凹陷，叶背则向下渐凸。雌雄同株，同时拥有雌花序和雄花序，雌花序呈窄条形或披针形，雄花序则呈长圆形，雄花序轴还被有褐色柔毛。

◎ **功效主治**：幼苗入药，具有利水通道、消肿排脓的功效，常用于缓解吐血、便血、尿血、子宫出血、痔疮出血等症。

◎ **习性**：多自生在水边或池沼内。

◎ **分布**：东北、华北地区。

◎ **饮食宜忌**：一般人群皆可食用，尤适宜咯血、吐血或痔出血的患者。孕妇忌食。

穗状花序较长，雄花序长距圆形，雌花序窄条形

叶片扁平，狭长线形，有白色膜质边缘

地上茎直立，粗壮

食用部位：幼苗　**食法：茎白、茎尖部分可作蔬菜食用**

別名：蒲草
性味：性平，味咸、涩　　繁殖方式：播种、分株

小香蒲

多年沼生或水生草本，株高 16~65 厘米，直立生长。姜黄色或黄褐色的根状茎顶端为乳白色；地上茎纤细柔弱。叶片基生。穗状花序，雌雄同株，但雌雄花序不相连。

○ 功效主治：嫩芽入药，具有止血、祛淤、利尿的功效，常用于改善小便不利、乳痈等症。

○ 习性：喜湿润的环境，常生长在河沟边、沼泽地等近水源处。

○ 分布：东北、河北、河南、西北和西南等地。

○ 饮食宜忌：一般人群皆可食用，尤适宜小便不利、产后妒乳并痈患者。

穗状花序呈蜡烛状，雌雄花序不相连

叶通常基生，鞘状，无叶片

地上茎直立，细弱，矮小

食用部位：嫩芽　食法：嫩芽味道鲜美，可代替蔬菜

別名：罐罐花、对叶草、对叶菜　　性味：性平，味苦、甘　　繁殖方式：播种

女娄菜

一年生或二年生草本，株高 30~70 厘米。植株被浓密的灰色短柔毛。木质化的主根略显粗壮。叶片呈倒披针形或狭匙形，叶端急尖。圆锥花序，开白色或淡红色花，花冠呈倒披针形，花瓣呈倒卵形。

○ 功效主治：嫩苗入药，具有活血调经、利水下乳、健脾利湿、清热解毒的功效。

○ 习性：生于平原、丘陵或山地。

○ 分布：全国各地均有。

○ 饮食宜忌：一般人群皆可食用，尤适宜月治经不调、乳少、小儿疳积、脾虚浮肿、疔疮肿毒、咽喉肿痛或中耳炎患者。

叶片倒披针形或狭匙形，中脉明显

圆锥花序，花瓣白色或淡红色

食用部位：嫩苗　食法：嫩芽在洗净、焯水、浸泡后，可凉拌或炒食

别名：青菜、油菜、白菜

性味：性寒，味咸　　繁殖方式：播种

鸡毛菜

　　小白菜的幼苗，株高 5~15 厘米，丛生。枝茎呈扁平的椭圆形或长圆形，为青绿色，有光泽，茎基骤狭，但茎端则圆钝。叶片的质地柔软。

◎ 功效主治：嫩茎叶入药，可缓解肺热咳嗽、便秘、丹毒、小儿缺钙、骨软等症，经常食用有利于预防心血管疾病，促进肠管蠕动，保持大便通畅。

◎ 习性：性喜冷凉，又耐低温和高温。

◎ 分布：全国各地均有。

◎ 饮食宜忌：鸡毛菜不宜生吃。

叶坚挺而亮，椭圆或长圆形，色泽青绿

叶枝基部骤狭缩，末端钝

食用部位：嫩茎叶　食法：可清炒或是与香菇、蘑菇或笋炒食，也可做汤

别名：麦家公、大紫草　　性味：性温，味甘、辛　　繁殖方式：播种

田紫草

　　一年生草本，株高 15~35 厘米。茎通常单一。叶片呈倒披针形至线形，叶端急尖，叶面、叶背均被短而糙的伏毛。顶生聚伞花序，开白色、蓝色或淡蓝色花，花冠呈高脚碟状。果实为三角状卵球形的小坚果。

◎ 功效主治：嫩苗入药，具有温中健胃、消肿止痛的功效，常用于改善胃寒疼痛、吐血、跌打损伤、胃胀反酸等症。

◎ 习性：喜光，对环境有较强的适应能力。

◎ 分布：河北、陕西、安徽、辽宁、山东、新疆、浙江、山西、甘肃、黑龙江、江苏等地。

◎ 饮食宜忌：一般人群皆可食用，尤适宜胃胀反酸、胃寒疼痛、吐血、跌打损伤或骨折患者。

花冠高脚碟状，白色，有时蓝色或淡蓝色

叶无柄，倒披针形至线形

食用部位：嫩苗　食法：嫩苗用沸水焯后炒食或凉拌，种子可榨油

別名：遍地香、地钱儿、铗儿草
性味：性凉，味辛　　繁殖方式：播种

活血丹

多年生草本，株高 10~20 厘米，匍匐生长。根会逐茎节而生。茎呈四棱形，幼时被稀疏的长柔毛，后逐渐消失。草质叶片呈心形或近肾形，叶端急尖或呈钝三角形，叶缘有圆齿或粗锯齿，叶面被稀疏的粗伏毛或微柔毛。开淡蓝色、蓝色至紫色花。

○ 功效主治：嫩芽叶入药，具有利湿通淋、清热解毒、散淤消肿等功效。主治脾血久冷、风邪湿毒、筋脉拳挛、行步艰辛、腰腿沉重、胸膈痞闷、不思饮食、浑身疼痛等症。

○ 习性：喜光，生命力顽强。

○ 分布：中国除甘肃、青海、新疆及西藏外的地区均有。

○ 饮食宜忌：孕妇和哺乳妇女应禁食，食用过多有可能引起恶心及眩晕。活血丹适合单泡，不适宜搭配其他花茶。

茎四棱形，几无毛

具匍匐茎，上升，逐节生根

叶草质，心形或近肾形，边缘具圆齿

花淡蓝、蓝色至紫色

食用部位：嫩芽叶｜食法：嫩芽叶入沸水中焯烫后，用清水浸泡，捞出后可凉拌或炒菜

别名：铧头草、光瓣堇菜、犁头草
性味：性寒，味苦、辛　　繁殖方式：分株、播种

紫花地丁

　　多年生草本，株高 4~14 厘米，直立生长。淡褐色的根茎较短。茎下部叶片呈三角状卵形或狭卵形，上部则呈长圆形、狭卵状披针形或长圆状卵形，下部叶较上部叶较长。开紫堇色或淡紫色花，花朵中等大，喉部颜色偏淡，并带紫色条纹。

花中等大，
紫堇色或淡
紫色

◐ 功效主治： 全草入药，具有清热解毒、凉血消肿的功效。主治黄疸、痢疾、乳腺炎、目赤肿痛、咽炎，外敷治跌打损伤、痈肿、毒蛇咬伤等。

◑ 习性： 喜半阴的环境，耐寒，耐旱，对土壤没有特殊要求，只要保持湿润即可。

◐ 分布： 黑龙江、吉林、辽宁、内蒙古、河北、山西、陕西、甘肃、山东、江苏、安徽、浙江、江西、福建、台湾、河南等地。

◐ 饮食宜忌： 阴疽漫肿无头或脾胃虚寒者慎服。

叶片长圆形、狭卵状
披针形或长圆状卵形

花朵喉部颜色较淡，
有紫色条纹

叶多数，基生，
莲座状

食用部位：全草 ｜ **食法：** 嫩茎叶放入水中略微焯一下，捞出后可凉拌、炒食或炖汤

遏蓝菜

　　一年生草本，株高9~60厘米，直立生长。茎上有棱，但茎上无毛。叶片基生，呈倒卵状长圆形，叶端圆钝或急尖，叶基抱茎生长，叶缘则有稀疏的齿状物。顶生总状花序，开白色花，花瓣呈长圆状倒卵形。扁平短角果呈倒卵形或近圆形，上端则略向内凹。

❍ 功效主治：幼苗、嫩叶入药，具有清热解毒、利湿消肿、和中开胃、清肝明目的功效，主治消化不良、肝硬化腹水、肾炎水肿、丹毒、风湿性关节炎、腰痛、急性结膜炎等。

❍ 习性：常生于山坡、草地、路旁、田边、沟边或村落附近。

❍ 分布：全国各地均有。

❍ 饮食宜忌：一般人群皆可食用，尤适宜消化不良或阑尾炎患者。

茎直立，无毛

枝株高9~60厘米

基生叶倒卵状长圆形，边缘具疏齿

短角果倒卵形或近圆形扁平

种子倒卵形，细小

食用部位：苗叶　食法：嫩茎叶略带酸辣味，经洗净、焯水、浸泡后，才可食用

第六章

藻菇类野菜

藻类野菜泛指生长在水中的植物，
也包括某些水生的高等植物。
藻类是隐花植物的一大类，
无根、茎、叶等部分的区别，
有叶绿素，可以自己制造养料。
藻类野菜可用来拌饭或做汤等。
菇类属于担子菌纲菌目的真菌或其子实体。
菇类野菜应先撕去表层膜衣，洗干净，
再用盐水浸泡三四个小时，然后才能下锅。

别名：鸡枞蕈、鸡菌
性味：性平，味甘　　**繁殖方式：**菌种

鸡枞菌

为鸡枞子实体。菌盖呈斗笠形，颜色有灰褐色、褐色、浅土黄色、灰白色至奶油色，表面光滑无毛，老菌的盖顶会呈辐射状开裂，甚至盖缘还会翻起。菌体的肉质肥厚，为白色。菌柄粗壮，颜色一般与菌盖一样，多数为白色。

◎ 功效主治：子实体入药，具有补益肠胃、养血润燥的功效。

◎ 习性：喜与白蚁穴连生，常生长在林地、荒地以及庄稼地等处。

◎ 分布：西南、东南及台湾等地。

◎ 饮食宜忌：一般人群皆可食用，尤适宜脾虚纳呆、消化不良或痔疮出血患者。

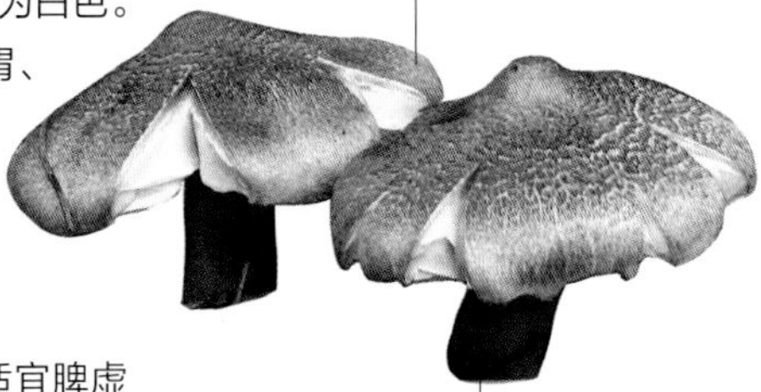
菌盖凸起呈斗笠形，灰褐色或褐色、浅土黄色、灰白色至奶油色
菌柄较粗壮，白色或同菌盖色

食用部位：全体 | **食法：可单独成菜，也可作配菜，适合各种食法**

别名：合菌、台菌、青岗菌　　**性味：**性温，味淡　　**繁殖方式：**菌种

松蕈

为松蕈子实体。菌盖为灰褐色或淡黑褐色，由半球状逐渐展开成伞状。菌柄在菌盖中央生长，直立，只稍有弯曲。与菌柄相连的菌褶为白色。生长于夏秋季节。

◎ 功效主治：子实体入药，具有益肠胃、理气化痰的作用。

◎ 习性：常生长在没有污染的野生松树林中，且共生松树要有 50 年以上的树龄。

◎ 分布：吉林、辽宁、安徽、四川、云贵等地。

◎ 饮食宜忌：尤适宜糖尿病患者、产后人群、抗衰老容颜的女性、体弱多病的人群。

菌盖伞状，灰褐色或淡黑褐色
菌柄着生于菌盖的中央，直立，稍弯曲

食用部位：全体 | **食法：食法多样，可炒、炖或烤，也可以泡酒**

别名：变绿红菇、青冈菌、绿豆菌
性味：性温，味酸　　繁殖方式：菌种

青头菌

　　为真菌绿菇的子实体。菌盖为浅绿色至灰绿色，由球形变为扁半球形，菌盖顶端的中部略微向内凹，外表皮还常龟裂如斑状。菌柄的肉质松软，味道鲜美。密集的菌褶上还有横脉，颜色为白色。菌肉也为白色。

◎ 功效主治：子实体入药，具有祛火散热、明目清心的功效，对眼目不明、肝经之火、急躁忧虑、抑郁等症有很好的抑制作用。

◎ 习性：常生长在夏秋季的针叶林、阔叶林或针阔叶混交林中，雨后尤多。

◎ 分布：云南。

◎ 饮食宜忌：一般人都适合食用，尤其适合眼疾、肝火盛、忧郁症或阿尔茨海默病患者食用。

菌盖扁半球形，浅绿色至灰绿色，表皮往往斑状龟裂

菌柄长中实或内部松软

食用部位：子实体　**食法：炒、炖、蒸、熘、拌或烩，与其他食材一起做汤效果更佳**

别名：松毛菌、铆钉菇　　性味：性温，味淡　　繁殖方式：菌种

松树菌

　　子实体较小。菌盖为粉红色、玫瑰红色或珊瑚红色，逐渐由半球形展开，成熟后菌盖顶端的中部则向下凹陷，有黏滑感。菌柄的底部为黄褐色，内部则为黄色，整体呈柱形。菌褶为污白色、灰褐色或褐色，褶皱较少。菌肉肥厚，颜色为白色，后还略带粉色。

◎ 功效主治：子实体入药，能强身、止痛、益肠胃，其含有多元醇，对糖尿病治疗有很好的效果。

◎ 习性：常生长在秋季的混交林中。

◎ 分布：广西、广东、吉林、辽宁、湖南、湖北、云南、江西、四川、西藏等地。

◎ 饮食宜忌：适宜胃病、肉瘤或糖尿病患者。

菌盖半球形至近平展，粉红或玫瑰红至珊瑚红色

菌柄近柱形，基部黄褐色且内部呈黄色

食用部位：子实体　**食法：新鲜采的菌先撕去表层膜衣，洗净后必须用盐水浸泡4个小时**

別名：杏菌、杏黄菌
性味：性寒，味甘　　繁殖方式：菌种

鸡油菌

　　为真菌鸡油菌的子实体。菌盖肉质肥厚，呈喇叭状，直径3~9厘米，菌盖由扁平变为下凹状，盖缘呈波状，裂开后则向内卷，颜色为杏黄色至蛋黄色。菌肉肉质细嫩。

◐ 功效主治：子实体入药，有清目利肺、益肠健胃、提神补气的功效，经常食用可改善由于缺乏维生素A所致的皮肤粗糙或干燥症。

◐ 习性：秋天生长于北温带深林内。

◐ 分布：福建、湖南、广东、四川、贵州、云南等地。

◐ 饮食宜忌：皮炎患者忌食。

菌盖最初扁平，后下凹

子实体肉质，喇叭形，杏黄色至蛋黄色

食用部位：子实体　食法：洗净、焯水后可烹饪食用，适合任何食法

別名：干巴菌、对花菌、马牙菌　　性味：性平，味甘　　繁殖方式：菌种

绣球菌

　　子实体，菌体为中、大形。菌柄粗壮，上面长出许多分枝，分枝顶端形成无数瓣片，如绣球般，颜色为白色、污白色或污黄色。瓣片较薄，质地硬脆，呈银杏叶状或扇形，边缘为波状。

◐ 功效主治：子实体入药，含有抗氧化物质，能延缓衰老、降低胆固醇、调节血脂等。

◐ 习性：常生长在7、8月的松树林中，主要产于我国的滇中、滇西地区。

◐ 分布：云南大部分地区都有分布，每年七月至九月生长在马尾松树下。

◐ 饮食宜忌：菌内含异性蛋白质，食用蛋类、乳类或海鲜过敏者慎食。

白色至污白或污黄色，干后色深，质硬而脆

瓣片似银杏叶状或扇形，薄而边缘弯曲不平

食用部位：子实体　食法：腌、拌、炒、炸、炖或干煸等，也可与蔬菜或肉类搭配

別名：风手青、粉盖牛肝菌、华美牛肝菌
性味：性凉，味甘　　繁殖方式：菌种

小美牛肝菌

　　子实体较大。菌盖呈扁平的半球形，上面密生茸毛，颜色为浅粉肉桂色至浅土黄色。菌柄上有密布的网纹，柄上半部为黄色，下半部分与菌盖同色。菌管的管口呈圆形。

◎ 功效主治：子实体入药，具有清热除烦、养血和中、追风散寒、舒筋活血、补虚提神的功效。

◎ 习性：夏秋季在混交林地上分散或成群生长。

◎ 分布：江苏、云南、四川、贵州、西藏、广东、广西等地。

◎ 饮食宜忌：尤适宜腰腿疼痛、手足麻木或四肢抽搐的患者。

菌盖浅粉肉桂色至浅土黄色，扁半球形至扁平

菌柄上部黄色，下基部近似盖色

| 食用部位：子实体 | 食法：可煮食、凉拌、蒸制、炒制或在吃火锅时食用 |

別名：牛肝菌　　性味：性温，味甘　　繁殖方式：菌种

双色牛肝菌

　　子实体较大。菌盖为深红色、黄褐色等，色泽较暗，不明亮，盖顶端中央呈半球形凸起，触感毛茸茸的，有时边缘也有延伸出的薄缘膜。菌肉质地较脆，颜色为黄色，如果折断后，颜色会先变成变蓝色，然后再还原为原色。菌管为蜜黄色。

◎ 功效主治：子实体入药，是珍稀菌类，其营养丰富，有防病治病、强身健体的功能。

◎ 习性：常生于松树、栎树的混交林中，也见于冷杉树下。

◎ 分布：四川、云南、西藏等地。

◎ 饮食宜忌：适宜糖尿病、食少腹胀、腰腿疼痛或手足麻木患者。慢性胃炎患者慎食。

菌盖中凸呈半球形，深苹果红色、深玫瑰红色、红褐色、黄褐色

菌管蜜黄色，成熟后多有污色斑

| 食用部位：子实体 | 食法：可煮食、凉拌、蒸制、炒制或作为火锅食材。鲜时清香，生尝微甜 |

香菇

　　子实体为中等至稍大。菌盖由半球形变为扁平或稍扁平，颜色有浅褐色、深褐色等，盖缘上有污白色的毛状物或絮状的鳞片。菌肉质地厚实坚密，白色，还散发着特殊的香味。菌盖下面是菌幕，破裂后会形成不完整的菌环。

菌盖扁平至稍扁平，表面菱色、浅褐色、深褐色至深肉桂色

● 功效主治：子实体入药，含有维生素 C 和嘌呤、胆碱以及某些核酸物质，能起到降血压、降胆固醇、降血脂的作用。

● 习性：喜阴凉、湿润的环境，冬春季常生在阔叶林中。

● 分布：湖北、山东、河南、浙江、福建等地。

● 饮食宜忌：脾胃寒湿气滞或患顽固性皮肤瘙痒者不宜食用。

菌盖下面有菌幕，后破裂，形成不完整的菌环

食用部位：子实体　食法：用温度超过 60℃的热水浸泡 1 小时后，可炒食，也可炖汤

平菇

　　属于四极性异宗结合的食用菌。它从不重叠生长，一般为呈纵生长状或散生在地面。菌盖的颜色为白色、乳白色至棕褐色。有的品种菌柄纤维质程度较高。菌柄呈细长状，一般基部较细，中上部较粗。肉质坚实细密，只有少数品种纤维化程度较高。

菌盖白色、乳白色至棕褐色

● 功效主治：子实体入药，具有补虚、抗癌的功效，能改善人体新陈代谢，增强体质，调节植物神经，此外，平菇还有追风散寒、舒筋活络的作用。

● 习性：喜多雨、阴凉或相当潮湿的环境。

● 分布：全国各地均有。

● 饮食宜忌：菌类食用过敏者忌食。

菌柄稍长而细，表面富纤维质

食用部位：子实体　食法：可炒食、煲汤等，味道鲜美；由于其易出水，因此，需掌握好火候

别名：毛柄小火菇、构菌、朴菇

性味：性寒，味甘、咸　　繁殖方式：菌种

金针菇

　　由菌丝体和子实体构成。由孢子萌发的菌丝体外有白色茸毛，而束状子实体的肉质柔软而有弹性。菌盖的颜色为黄白色至黄褐色，外表呈球形或扁半球形，上面还有一层薄薄的胶质，如果沾上水则有黏性。菌柄生于菌盖中央，呈稍弯曲的圆柱状，内部则中空。

◎ 功效主治：子实体入药，具有补肝、益肠胃的功效，可降低胆固醇、防治心血管疾病、缓解疲劳、抑制癌细胞、提高机体免疫力。

◎ 习性：常生长在榆树等阔叶树的枯干上。

◎ 分布：全国各地均有分布。

◎ 饮食宜忌：金针菇性寒，故平素脾胃虚寒或腹泻便溏的人忌食。金针菇不宜生吃。

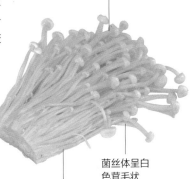

子实体多数成束生长，菌盖呈球形或呈扁半球形

菌丝体呈白色茸毛状

菌柄中央生，中空圆柱状，稍弯曲

食用部位：子实体 | **食法：可凉拌、煮食、炒食或煲汤等，味道鲜美**

别名：稻草菇、兰花菇、秆菇　　性味：性寒，味甘　　繁殖方式：菌种

草菇

　　菌盖幼时呈钟形，后呈伞形至碟形，一般直径5~12厘米；颜色为灰色，由中央向四周逐渐变浅；顶端有颜色较暗的放射状纤毛，只有少数有凸起的三角形鳞片。菌柄呈圆柱形，上部位于菌盖中央，下部则与菌托连接。

◎ 功效主治：子实体入药，具有清热解暑、补益气血、养阴生津、降压、降血脂的功效，也是极佳的抗癌食物。

◎ 习性：生于潮湿腐烂的稻草堆上。夏、秋季多人工栽培。

◎ 分布：福建、湖南、广东、广西、四川等地。

◎ 饮食宜忌：草菇性寒，平素脾胃虚寒之人忌食。此外，无论鲜品还是干品都不宜浸泡时间过长。

菌盖碟状，鼠灰色，中央色较深，四周渐浅

菌柄中生，顶部和菌盖相接，圆柱形

食用部位：子实体 | **食法：去杂洗净后炒食、炖食或煲汤均可，也可做火锅底料，味道鲜美**

別名：猴头菌、猴头蘑、刺猬菌
性味：性平，味甘　　繁殖方式：菌种

猴头菇

　　子实体。菌盖呈扁半球形或球形，直径5~15厘米；鲜嫩时为白色，制干后则为褐色或淡褐色。整个菌体被菌刺密集覆盖，菌刺则呈下垂状。孢子呈球形或近球形，有透明、无色、润滑的特征。

◯ 功效主治：子实体入药，具有利五脏、助消化、补虚的功效。

◯ 习性：常生长在湿度较高的开阔森林，温度也要维持在20℃左右。

◯ 分布：全国各地均有分布。

◯ 饮食宜忌：尤其适宜食管癌、贲门癌、胃癌、慢性胃炎、胃及十二指肠溃疡、心血管疾病患者或体虚、营养不良、神经衰弱的患者食用。

扁半球形或头形，褐色或淡棕色

菌刺密集下垂，覆盖整个子实体

食用部位：子实体 ┃ **食法：在洗净、泡发、漂洗至软后才可烹制**

別名：鸡腿蘑、毛头鬼伞　　性味：性平，味甘　　繁殖方式：菌种

鸡腿菇

　　子实体，群生。菌盖在各阶段均有所不同；由圆柱形变为钟形，最后由钟形平铺开来；先期较为光滑，而后逐渐裂开；颜色由白色变为淡锈色，然后逐渐加深。菌肉质地较薄，颜色为白色。菌柄由纤维组成，从上到下由细变粗，颜色为白色，外面还闪着丝状光泽。

◯ 功效主治：子实体入药，具有益脾胃、清心安神、提高免疫力、通便、治痔等功效。经常食用有助消化、增加食欲和治疗痔疮的作用。

◯ 习性：生长范围广泛，一般在雨后即可长出。

◯ 分布：黑龙江、吉林、河北、山西等地。

◯ 饮食宜忌：痛风患者不宜食用。

菌盖平展，表皮裂开，淡褐色

菌柄白色，丝状光泽，纤维质，上细下粗

食用部位：子实体 ┃ **食法：适用于炒食、煮制或煲汤等食法，味道鲜美**

别名：杨树菇、茶薪菇、柱状环锈伞　　性味：性平，味甘　　繁殖方式：菌种

茶树菇

　　子实体，单生、双生或丛生皆可。菌盖由暗红褐色变为淡褐色，外表面虽有较浅的皱纹，但整体仍比较平滑。菌体内表面呈椭圆形，上面长满孢子。白色菌肉上有纤维状条纹。菌柄质地较硬，上面附有颜色较淡的黏性物。

◐ 功效主治：子实体入药，具有滋阴壮阳、美容保健、益气开胃、健脾止泻的功效。

◐ 习性：常生长在春夏之交乔木类植物的腐朽树根部周围。

◐ 分布：主要生产地为江西广昌县、黎川县和福建古田县。

◐ 饮食宜忌：茶树菇与酒同食容易中毒，与鹌鹑同食会降低其营养价值。

菌柄附着暗淡黏性物，菌环残留在菌柄上或附于菌盖边缘自动脱落

菌盖表面平滑，暗红褐色，有浅皱纹

食用部位：子实体　**食法：可以炒、烩、烧或炖汤，也可做火锅底料，味道鲜美，脆嫩可口**

别名：羊肚菜、美味羊肚菌　　性味：性平，味甘　　繁殖方式：菌种

羊肚菌

　　菌盖呈近球形、卵形至椭圆形；顶端中央向下凹陷，凹陷处一般没有形状，但有时也呈近圆形；颜色为淡棕褐色至淡黄褐色，上有不规地棱状条纹。菌柄中空，呈近圆柱形，颜色近白色；上部较光滑，下部有不规则的浅凹槽。

◐ 功效主治：子实体入药，具有益肠胃、化痰理气、补肾壮阳、补脑提神的功能，对脾胃虚弱有辅助治疗作用。

◐ 习性：常生长在榆树、柳树、梧桐等阔叶树下富含腐殖质的土壤中。

◐ 分布：全国各地均有分布。

◐ 饮食宜忌：一般人群皆可食用，尤适宜脾胃虚弱、消化不良、痰多气短或头晕失眠的患者。

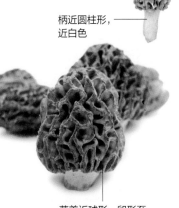

柄近圆柱形，近白色

菌盖近球形、卵形至椭圆形，表面有凹坑

食用部位：子实体　**食法：味道鲜美，营养丰富，炒食、炖食、煲汤均可**

头状秃马勃

　　子实体，体形为小至中等大。整个菌体呈陀螺状，直径 3.5~6 厘米，高 4.5~7.5 厘米；质地较薄；颜色为淡茶色至酱色；幼嫩时稍具细毛，然后细毛逐渐退去。等到菌体成熟后，菌盖会开裂成片，并脱落。

上部开裂并成片脱落，孢体黄褐色

陀螺形，淡茶色至酱色

● 功效主治：子实体入药，具有生肌、消炎消肿、止痛、抑制真菌的作用，从发酵液分离出广抗菌谱的马勃菌酸，对革兰氏阳性、阳性菌及真菌有抑制作用。

● 习性：夏秋季于林中地上单生至散生。

● 分布：全国各地均有分布。

● 饮食宜忌：一般人群皆可食用，尤适宜肺热咳嗽或细菌感染的患者。

食用部位：幼时的子实体 **食法：幼嫩时食用，成熟后则只可作药用**

毛木耳

　　子实体。菌体为胶状物，呈浅圆盘形或耳形；基部稍皱，但无菌柄；一般外表较光滑，但有时也稍皱；颜色由紫灰色变为黑色。它们呈束状生长。鲜嫩时质地较软，制干后则呈收缩状，食用口感稍硬。

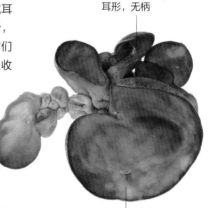

胶质，浅圆盘形、耳形，无柄

● 功效主治：子实体入药，具有滋阴强壮、清肺益气、活血止痛等功用，其含铁量高，是一种天然补血食品。

● 习性：喜温暖、湿润的环境，常生长在枯树枝上。

● 分布：全国各地均有分布。

● 饮食宜忌：出血性疾病患者或肠胃功能较弱者忌食。

子实层平滑或稍有皱纹，紫灰色，后变黑色

食用部位：子实体 **食法：毛木耳的口感与海蜇皮相似，较为脆嫩，可凉拌、炒食或煲汤等**

别名：白木耳、雪耳
性味：性平，味甘、淡　　**繁殖方式**：菌种

银耳

　　真菌银耳的子实体。整个菌体由 10 多片瓣片组成，这些瓣片质地柔软而有弹性，且上面有皱褶，直径 5~10 厘米，呈半透明状，颜色为纯白色至乳白色。制干后呈收缩状，颜色为白色或米黄色。

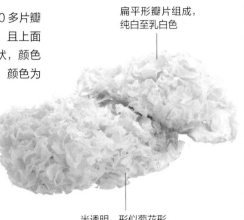

扁平形瓣片组成，
纯白至乳白色

○ **功效主治**：子实体入药，具有滋补生津、润肺养胃、补肺益气、美容嫩肤的功效，它能提高肝脏解毒能力，增强机体抗肿瘤的免疫能力。

○ **习性**：夏秋季生于阔叶树腐木上。

○ **分布**：全国各地均有分布。

○ **饮食宜忌**：一般人群都可食用。

半透明，形似菊花形、
牡丹形或绣球形

食用部位：子实体　**食法**：泡发后应去掉未发开的部分，可凉拌或煮汤、做甜品等

别名：紫菜、乌菜　　**性味**：性寒，味甘、咸　　**繁殖方式**：孢子

条斑紫菜

　　藻体呈卵形或长卵形，颜色为紫红色，有时还略带绿色，长 12~30 厘米，也有少数达 70 厘米以上，但人工养殖的一般为 30 厘米左右。基部呈心形、圆形或楔形。藻体边缘还有皱褶。表面光滑无毛，且上无锯齿。

○ **功效主治**：全株入药，具有软坚化痰、清热养心的功效，可辅助治疗肾虚所致的水肿。

○ **习性**：多生长在中潮带岩石上，2~3 月为其生长盛期。

○ **分布**：辽宁、山东、江苏、浙江、福建等地。

○ **饮食宜忌**：一般人群皆可食用，尤适宜咽喉肿痛、心烦不眠、惊悸怔忡、头目眩晕、水肿或小便不利的患者。

藻体卵形、长卵形，
紫红色或略带绿色

食用部位：全株　**食法**：一般作配菜用，点缀于汤中，也可用于拌饭、做馅等

别名：江白菜
性味：性寒，味咸　　繁殖方式：孢子

海带

叶片呈宽带状，质地薄而软，一般长 2~5 米，宽 20~30 厘米。颜色为橄榄褐色，制干后则变深褐色或黑褐色。表面覆有白色盐渍，如果海带表面没有白色盐渍，那么海带的质量较差。叶缘呈波浪状。

◎ 功效主治：全株入药，具有消痰软坚、止咳平喘、祛脂降压的功效。

◎ 习性：生长在水流通畅水质肥沃地区。

◎ 分布：黄海、渤海附近的海域。

◎ 饮食宜忌：脾胃虚寒者忌食，身体消瘦者不宜食用。

叶片似宽带，革质

边缘较薄软，呈波浪褶，通体橄榄褐色

食用部位：全株　食法：可用于凉拌、炒食或煲汤等食法

别名：海荠菜，海莴苣　　性味：性凉，味甘、咸　　繁殖方式：孢子

裙带菜

海藻类植物，属褐藻海带科海草，一年生。叶片为羽状裂片，比海带的质地要薄，像裙带一样，故而得名。叶片为绿色，有时也略带黄褐色。食用裙带菜可分为淡干、咸干两种。

◎ 功效主治：全株入药，有清热、生津、通便之功效，其营养高、热量低的特点，也容易达到减肥、清理肠道、延缓衰老的作用。

◎ 习性：裙带菜在海中重复生长，它们有固定的生长繁殖周期。

◎ 分布：辽宁旅顺、大连、金州，山东青岛、烟台、威海，浙江舟山群岛等地。

◎ 饮食宜忌：一般人群均可食用。平素脾胃虚寒、腹泻便溏之人忌食。

叶绿，呈羽状裂片，色黄褐

食用部位：全株　食法：做汤，可与鱼类、牛奶或小麦等一起煮食，也可煮熟后加糖凉拌

■ 别名：木履菜、五掌菜、黑昆布
性味：性寒，味咸　　繁殖方式：孢子

鹅掌菜

　　藻体为褐色至黑褐色。叶片革质，呈带状，高 30~40 厘米，宽 35~45 厘米；中部较厚，两侧则呈羽状分枝；叶缘有粗锯齿；叶面有皱褶。叶柄呈圆柱形，可固定分枝。

◐ 功效主治：全株入药，具有软坚散结、消肿利水、润下消痰的功效，常用于甲状腺肿、颈淋巴结肿、支气管炎、肺结核、咳嗽、老年性白内障等症的治疗。

◐ 习性：常生长在激流大浪的海平面下 1~5 米的岩石上。

◐ 分布：产于渔山列岛，福建也有分布。

◐ 饮食宜忌：适宜甲状腺肿、颈淋巴结肿、支气管炎、肺结核或咳嗽患者。

叶片中部厚，两侧羽状分枝，叶缘有粗锯齿，叶面皱褶

藻体褐至黑褐色，叶状，革质

食用部位：全株 | 食法：可拌饭或做汤，如鹅掌菜煮黄豆、鹅掌菜苡仁蛋汤

■ 别名：海藻、虎酋菜、鹿角尖　　性味：性平，味甘、咸　　繁殖方式：孢子

羊栖菜

　　藻体株高一般为 30~50 厘米，但人工栽植可达 380 厘米。藻体质地肥厚、汁液丰富，颜色为黄褐色。叶片变异，叶腋上有纺锤状气囊。雌雄异株，具有生殖功能的托呈圆柱状，外表面则较为平滑，顶端圆钝，基部则有柄。

◐ 功效主治：全株入药，具有补血、通便、软坚化痰的功效。其多糖具有抗肿瘤的作用，能防止血栓形成、降低胆固醇和防止高血压。

◐ 习性：生长在低潮带岩石上。

◐ 分布：北起辽东半岛、南至雷州半岛均有分布，以浙江沿海最多。

◐ 饮食宜忌：服用中药甘草之人，忌食羊栖菜。脾胃虚寒者忌食用。

藻体呈黄褐色，肥厚多汁

叶腋有气囊，纺锤状

食用部位：全株 | 食法：洗净后，可凉拌或煲汤等

附录

常见野果

野菜，一般吃的是植物的茎、叶、花或（块）根，
还有一些野生植物，其可食部位大都是果实，
如酸浆、山葡萄、野杏、野核桃、番木瓜等。
为了区别于正文所介绍的野菜，
本章以附录的形式，将常见野果收录于此，
方便读者根据自身需要进行辨认、采摘。

杨梅

常绿乔木，株高达 15 米以上。枝茎上无毛，但有少量不明显的皮孔。叶片呈长椭圆状或楔状披针形，叶缘有稀疏的锐锯齿，为绿色，上面还闪烁着光泽。果实球状，因汁液较多及含有树脂而使外皮肉质，表面有乳头状凸起，内皮则有木质化硬皮，深红色或紫红色的熟果可食用，味道酸甜。

🔾 功效主治：果实入药，具有和胃止呕、生津止渴、除烦清肠的作用，常用于缓解胃阴不足、饮酒过度、口干、胃气不和、饮食不消等症。

🔾习性：喜温暖湿润多云雾气候，不耐强光，不耐寒。

🔾分布：华东、广东、广西、贵州等地。

🔾饮食宜忌：凡阴虚、血热、火旺、有牙齿疾患或糖尿病患者忌食。杨梅对胃黏膜有一定的刺激作用，故溃疡病患者要慎食。食用杨梅后应及时漱口或刷牙，以免损坏牙齿。

小枝无毛，皮孔少而不明显

叶革质，长椭圆状或楔状披针形

核果球状，外表面具乳头状凸起，肉质，成熟时深红色或紫红色

食用部位：果实　食法：果实成熟后可直接食用，也可泡酒。未成熟的果实有毒，不可食用

別名：红菇娘、挂金灯、戈力、菇莨
性味：性凉，味酸　　繁殖方式：播种

酸浆

多年生草本，株高 40~80 厘米。根匍匐生长。茎外被有柔毛。叶片呈长卵形、阔卵形或菱状卵形，叶端渐尖，叶面、叶背均被有柔毛。开白色花，花冠呈辐状，花裂片则呈短阔状。橙红色的浆果呈球状，汁液丰富，口感柔软，适合食用。

⊙ 功效主治：果实入药，有清热利湿、解毒、利尿、降压、强心、抑菌的功效，主治肝气不舒、肝炎、坏血病、热咳、咽痛、喑哑、急性扁桃体炎、小便不利和水肿等症。

⊙ 习性：喜凉爽、湿润且阳光充足的环境，适应性较强，耐寒，耐热，只要在3~42℃的范围内均能存活，对土壤没有特殊要求。

⊙ 分布：全国各地均有野生。

⊙ 饮食宜忌：有堕胎之弊，孕妇禁用。凡脾虚泄泻或痰湿者忌用。

叶长卵形至阔卵形、菱状卵形

基部匍匐生根，被有柔毛

花冠辐状，白色，裂片开展

浆果球状，橙红色，柔软多汁

食用部位：果实　食法：成熟的果实可以直接食用，也可以糖渍、醋渍或做成果浆

橄榄

　　乔木，株高 10~25 米。叶为复叶，有 3~6 对小叶，叶片呈披针形或椭圆形。腋生圆锥花序，花朵外稍被茸毛，有时也无毛。果实呈卵圆形至纺锤形，外果皮较厚，上面光滑无毛，成熟的果实为黄绿色。种子一般为 1~2 颗，两端渐尖，外表则呈浅波状。

○ **功效主治**：果实入药，具有生津止渴、清热解毒的功效。用于咽喉肿痛、心烦口渴、癫痫、饮酒过度，治疗食河豚、鱼、鳖引起的轻微中毒或肠胃不适。

○ **习性**：适应性很强，一般的土壤均能栽种。

○ **分布**：福建、广东（多属乌榄）、广西、台湾、四川、云南、浙江南部等地。

○ **饮食宜忌**：一般人群均可食用，2岁以下幼儿不宜食用。

小叶 3~6 对，纸质至革质，披针形或椭圆形，全缘

油橄榄还能炸出橄榄油，其保留了天然营养成分，被认为是最适合人体营养的油脂

果卵圆形至纺锤形，无毛，成熟时黄绿色

食用部位：果实　**食法**：果实成熟后可直接食用，也可泡酒、煎汤、熬粥、腌制或泡茶饮

别名：野葡萄、山浮桃、草龙珠
性味：性平，味酸、涩　　繁殖方式：压条、扦插

山葡萄

　　木质藤本。枝茎呈圆柱形，幼嫩时，还被有稀疏的蛛丝状茸毛，后逐渐脱落；分枝每隔2节与叶片对生。叶片互生，呈阔卵形，叶端渐尖，叶基呈心形。浆果从深绿色变为蓝黑色，呈近球形或肾形。

◎ **功效主治**：全株入药，具有祛风止痛、清热利尿的功效，常用来辅助治疗肺虚咳嗽、心悸盗汗、风湿骨痛、烦热口渴、膀胱湿热等症。

◎ **习性**：适应能力较强，耐旱，耐贫瘠，耐盐碱。

◎ **分布**：黑龙江、吉林、辽宁、内蒙古等地。

◎ **饮食宜忌**：一般人群皆可食用，尤适宜气血虚弱、肺虚咳嗽、心悸盗汗、烦渴、风湿痹痛或痘疹不透患者。

小枝圆柱形，无毛

叶互生，阔卵形，先端渐尖，基部心形

浆果近球形或肾形，由深绿色变蓝黑色

食用部位：果实　｜　食法：果实成熟后可采摘直接食用，也可制成葡萄干或酿制葡萄酒

别名：软枣子、猕猴梨
性味：性寒，味甘　　繁殖方式：扦插

软枣猕猴桃

大型落叶藤本。嫩枝茎被薄茸毛，长大后则基本无毛。果实长 2~3 厘米，呈圆球形至圆柱状长圆形，外表皮上无毛、无斑点，果实成熟后的颜色为绿黄色或紫红色。

◐ 功效主治：全株入药，果实能止泻、解烦热、利尿；果汁有祛痰的作用；根能健胃、清热、利湿，可缓解消化不良、呕吐、腹泻、黄疸和风湿性关节痛；叶可消脂减肥、抗衰防癌。

◐习性：喜凉爽、湿润的气候。

◐分布：黑龙江、吉林、山东及华北、西北以及长江流域各省区。

◐饮食宜忌：一般人群皆可食用。

果圆球形至柱状长圆形，成熟时绿黄色或紫红色

食用部位：果实 **食法：果实可直接食用，也可加工成果酱、果汁、果脯、罐头或酿酒等**

别名：深山天木蓼、狗枣子　　性味：性寒，味酸、甘　　繁殖方式：扦插

狗枣猕猴桃

大型落叶藤本。叶片呈阔卵形、长卵形至长倒卵形，叶端急尖或渐尖，叶基呈心形，叶片沿中脉并不对称。果实呈柱状长圆形、扁状长圆形以及卵形或球形，外表面有 12 条纵条纹，颜色较深，果实顶端还存有花柱和花萼。

◐ 功效主治：果实入药，能调节人体血液 pH 值，有补血的功效，增强其输送氧气和营养物质的能力。

◐ 习性：喜暖温带气候，向阳性强。

◐分布：黑龙江、吉林及华北、华中、华南各省区。

◐饮食宜忌：狗枣猕猴桃性寒，易伤脾胃而引起腹泻，故脾胃虚寒者应慎食。

果柱状长圆形，具 12 条纵向深色条纹

食用部位：果实 **食法：果实可食，鲜用或晒干备用，也可酿酒或入药**

别名：西番莲、受难果、巴西果
性味：性温，味苦　　繁殖方式：扦插

鸡蛋果

　　草质藤本，在地面匍匐生长，长约 6 米。叶为掌状 3 回深裂，叶片呈卵形或卵状长圆形，叶缘有细锯齿。聚伞花序，开淡绿色大花，散发香味。浆果呈卵球形，外表皮光滑无毛，成熟后的果实为橙黄色或黄色。

◐ 功效主治：果实入药，具有除风清热、止咳化痰、麻醉镇静、安神宁心、和血止痛的功效，常用于缓解神经痛、月经痛、风热头晕、鼻塞流涕、心血不足等症。

◐ 习性：喜光，喜温暖至高温湿润的气候，不耐寒。

◐ 分布：云南、福建、广东、广西、海南、江西、四川、重庆等地。

◐ 饮食宜忌：一般人群皆可食用，尤适宜咳嗽痰多、心神不宁、痛经或月经不调患者，孕妇慎食。

叶纸质，掌状 3 回深裂，卵形或卵状长圆形

浆果卵球形，无毛，熟时橙黄色或黄色

聚伞花序退化仅存 1 花，与卷须对生，淡绿色

食用部位：果实　食法：剖开，用调羹挖出瓤包直接食用，也可以制作果汁

别名：满洲茶藨子、山麻子

性味：性温，味酸　　繁殖方式：播种、分株、压条、扦插

东北茶藨子

落叶灌木，株高 1~3 米。叶为掌状三回分裂，叶片宽大，呈卵状三角形，叶端急尖或渐尖，叶缘有不规则的粗锯齿或重锯齿。总状花序，开淡黄绿色花，花朵较多，有 40~50 朵，花瓣则呈近匙形。红色的果实呈球形，表面光滑无毛，味道较酸，可食用。

◐ **功效主治**：果实入药，具有清热解表的功效，还可防治感冒，预防维生素 C 缺乏症，果实中含有维生素 C 和果胶酶，对人体有益。

◐ **习性**：喜阴凉而略有阳光之处，生于山坡或山谷针、阔叶混交林下或杂木林内。

◐ **分布**：黑龙江、吉林、辽宁、内蒙古、河北、山西、陕西、甘肃、河南等地。

◐ **饮食宜忌**：一般人群皆可食用，尤适宜坏死病或感冒患者。

花瓣近匙形，淡黄绿色

叶宽大，常掌状三回分裂，边缘具锯齿

果实球形，红色，无毛

食用部位：果实 **食法**：果肉可直接食用，也可制作果浆或造酒，种子可榨油

别名：山枣、野枣
性味：性平，味酸　　繁殖方式：播种、分株、嫁接

酸枣

落叶灌木或小乔木，株高 1~4 米。叶互生，椭圆形至卵状披针形，叶缘有细锯齿。从叶腋中开出黄绿色花，簇生。果实近球形或短矩圆形，熟果实为红褐色，味道较酸。

◎ **功效主治**：果实入药，具有养心、安神、敛汗的功效，常用于改善神经衰弱、失眠、盗汗等症，此外，酸枣仁还有镇静的作用。

◎ **习性**：喜温暖、干燥的环境，忌水涝，耐寒、耐旱、耐盐碱、耐贫瘠，适应能力较强。

◎ **分布**：辽宁、内蒙古、河北、山西、山东、安徽、河南、湖北、甘肃、陕西、四川等省。

◎ **饮食宜忌**：一般人群皆可食用，尤适宜失眠患者。

叶片椭圆形至卵状披针形，边缘有细锯齿

果实近球形或短矩圆形，熟时红褐色

食用部位：果实 | **食法：可直接食用，也可加工成饮料或食品，如酸枣汁、酸枣酒等**

别名：拔子、芭乐　　性味：性平，味甘、涩　　繁殖方式：播种、压条、嫁接、扦插

番石榴

乔木，株高达 13 米。茎枝幼嫩时，不仅上面有棱，还被有柔毛。叶片呈长圆形至椭圆形，叶端急尖或圆钝，叶基近圆形，叶面粗糙，且上面有网状脉络。浆果呈球形、卵圆形或梨形，果实顶端留有花萼片，果肉白色或黄色。

◎ **功效主治**：果实入药，具有收敛止泻、止血、止痒的功效，常用于辅助治疗泄泻、久痢、湿疹、创伤出血等症。

◎ **习性**：耐旱亦耐湿。

◎ **分布**：台湾、海南、广东、广西、福建、江西等省。

◎ **饮食宜忌**：儿童及经常便秘者或有内热的人不宜多吃。

叶片革质，长圆形至椭圆形

浆果球形、卵圆形或梨形，果肉白色及黄色

食用部位：果实 | **食法：果实可直接食用，也可加工成果酱、果汁、果脯、罐头或酿酒等**

別名：山里果、酸里红
性味：性微温，味酸、甘　繁殖方式：播种、分株、扦插、嫁接

山楂

　　落叶乔木。叶片呈宽卵形或三角状卵形，叶缘有稀疏的不规则锯齿，暗绿色，叶面上还闪烁着光泽。伞房花序，开密集的白色花，花瓣呈倒卵形或近圆形。深红色的果实近球形或梨形，外表皮上有浅色斑点。

○ **功效主治**：果实入药，具有健脾开胃、消食化滞、活血化痰的功效，还能预防心血管疾病，改善心脏活力，降低血压和胆固醇，软化血管。

○ **习性**：喜温暖、湿润且阳光充足的环境，适应能力较强，耐寒，耐阴，耐旱，耐贫瘠，适宜疏松肥沃、排水良好的微酸性沙质土壤。

○ **分布**：山东、河南、河北、辽宁、山西、北京、天津等地。

○ **饮食宜忌**：孕妇禁食，易促进宫缩，诱发流产。山楂不宜与海鲜、人参、柠檬、猪肝同食。

叶片宽卵形或
三角状卵形，
边缘具锯齿

伞房花序具多花，
白色

果实近球形或梨形，
深红色，有浅色斑点，
小核 3~5 粒

食用部位：果实｜食法：直接食用，也可制成山楂酒、山楂果茶，或煮粥、炖汤

别名：车厘子、朱果、含桃
性味：性微温，味甘、酸　　繁殖方式：分株、嫁接

毛樱桃

灌木，株高 2~3 米。枝茎为紫褐色或灰褐色。叶片呈卵状椭圆形或倒卵状椭圆形，叶缘急尖或有粗锯齿，绿色，上有稀疏的柔毛。开白色或粉红色花，单生或簇生，花瓣呈倒卵形。红色的果实近球形。

◎ 功效主治：果实入药，具有健脾、益气、固精、清肺、利咽、止咳的功效，其含铁量较高，能促进血红蛋白再生。

◎ 习性：耐阴、耐寒、耐旱，也耐高温，适应性极强，寿命较长。

◎分布：辽宁、河北、四川、山西、青海、陕西、吉林、黑龙江、甘肃、山东、内蒙古、宁夏、西藏、云南等地。

◎饮食宜忌：消化不良者、瘫痪、风湿腰腿痛者、体质虚弱或面色无华者适宜食用；有溃疡症状者或上火者慎食。

叶片卵状椭圆形或倒卵状椭圆形，边缘具粗锯齿

果实近球形，红色

花单生或2朵簇生，白色或粉红色

食用部位：果实 | **食法：6~9 月果实成熟时采摘成熟的果实直接食用，还可制成果汁或果浆**

别名：山核桃

性味：性平，味甘　　繁殖方式：播种、嫁接

野核桃

　　乔木或灌木。枝茎由灰绿色变为黄褐色，被浓密的柔毛。叶为奇数羽状复叶，小叶对生，叶片呈卵状矩圆形或长卵形，叶缘有细锯齿，无叶柄。果实呈卵形或卵圆状，外果皮上有浓密的腺毛，内核呈卵状，像人的大脑。

⊙ 功效主治：果实、根茎入药，核桃仁含有丰富的 B 族维生素和维生素 E 以及多种人体需要的微量元素，可防止细胞老化，能健脑、增强记忆力、延缓衰老。

⊙ 习性：喜温暖且阳光充足的环境，耐寒，耐旱，一般土壤均能生长，尤喜土质松软、湿润的土壤。

⊙ 分布：江苏、江西、浙江、四川、贵州、甘肃等地。

⊙ 饮食宜忌：一般人群皆可食用。腹泻、阴虚火旺、痰热咳嗽、便溏腹泻、内热盛或痰湿重者忌服。

幼枝灰绿色，老后黄褐色，密生毛

奇数羽状复叶，小叶近对生，卵状矩圆形或长卵形，边缘有细锯齿

果实卵形或卵圆状，核卵状，呈大脑型

食用部位：果实 | 食法：果实可直接食用，也可炒食、榨油、配制糕点或糖果等

榛

灌木或小乔木，株高 1~3 米。枝茎为黄褐色，上面有浓密的短柔毛和稀疏的长柔毛。叶片为矩圆形或宽倒卵形，叶缘有不规则的锯齿，上面还有稀疏的短毛，有时也几近无毛。果实的外表皮上有细条棱，还生有浓密的刺状腺体。坚果有坚硬的黄褐色外壳。

◑ **功效主治**：果实入药，具有补脾益气、涩肠止泻、软化血管、明目健脑的功效，榛子还含有丰富的不饱和脂肪酸，能预防高血压、动脉硬化等心脑血管疾病。

◑ **习性**：喜湿润的气候，抗寒性强，较为喜光，对土壤的适应性较强。

◑ **分布**：东北三省、华北各省、西南横断山脉及西北的甘肃、陕西和内蒙古等地。

◑ **饮食宜忌**：适宜饮食减少、体倦乏力、眼花、肌体消瘦者、癌症或糖尿病患者食用。存放时间较长后不宜食用。榛子含有丰富的油脂，胆功能严重不良者应慎食，泄泻便溏者应少食。

小枝黄褐色，密被短柔毛

叶矩圆形或宽倒卵形，边缘具锯齿

果近球形，有黄褐色外壳，具细条棱

食用部位：果实　**食法**：可直接食用，也可煮粥或油炸。榛子枸杞粥养肝益肾、明目丰肌

别名：毛栗、毛板栗、野栗子
性味：性温，味甘　繁殖方式：播种、嫁接

茅栗

　　小乔木或灌木，株高 2~3 米。枝茎为暗褐色。叶片呈倒卵状椭圆形或长圆形。坚果无毛或顶部有疏伏毛，成熟壳斗的锐刺有长有短，有疏有密，密时全遮蔽壳斗外壁，疏时则外壁可见。通常总苞内包含 1~7 个坚果，成熟的坚果为深褐色，呈球形，一般无毛，有时顶端生有稀疏的伏毛，外壳上还长有长短不一、疏密有别的锐刺。

◎ **功效主治**：果实入药，具有养胃健脾、补肾强腰、活血止血、止泻治咳的功效，主治高血压病、冠心病、动脉硬化、骨质疏松等症，是抗衰老、延年益寿的滋补佳品。

◎**习性**：喜温暖且阳光充足的环境，不耐阴，但对土壤没有特殊要求，喜疏松肥沃、排水良好的沙质土壤。

◎**分布**：辽宁、北京、河北、山东、河南等地。

◎ **饮食宜忌**：适宜老年肾虚、老年气管炎咳喘或内寒泄泻者食用，对中老年人腰酸腰痛、腿脚无力或小便频多者尤宜。

叶倒卵状椭圆形或兼有长圆形的叶

成熟壳斗的锐刺有长有短，有疏有密

坚果包藏在密生尖刺的总苞内

熟时深褐色，球形

食用部位：果实 ｜ 食法：栗子可直接食用，也可炒食、炖汤，或制作栗子糕、栗子饼等

別名：山杏、杏子、杏实
性味：性温，味甘、酸　繁殖方式：播种

野杏

落叶小乔木。叶片呈宽卵形或圆卵形，深绿色，叶基呈圆形至近心形，通常无毛，但有时下面叶脉附近也有少量柔毛。开白色或带红色花，花梗较短，花瓣呈圆形至倒卵形。绿色的果实近球形；内核呈卵球形，表面有网纹，较为粗糙。

⊃功效主治：果实入药，具有止渴生津、清热解毒、止咳定喘、润肠通便的功效，常用于治疗热伤津、口渴咽干、肺燥喘咳等症。

⊃习性：耐寒耐旱，喜轻质土，在排水良好的肥沃土壤上生长良好。

⊃分布：除南部沿海及台湾省外，大多数省区皆有。

⊃饮食宜忌：野山杏有小毒，产妇或幼儿，特别是糖尿病患者，不宜吃杏或杏制品。

叶片宽卵形或圆卵形

花单生，花梗短，白色或带红色

果实近球形

核卵球形，离肉

食用部位：果实　食法：果实可直接食用，也可制作成果酒、果奶、果醋，或制成杏仁茶

毛桃

　　落叶小乔木，株高 1~3 米。叶片呈卵状披针形或圆状披针形，叶缘有细密的锯齿。开粉红色花，花瓣呈倒卵形或矩圆状卵形。果实呈球形或卵形，从白绿色至粉红色，外表皮上有短毛，散发着清香，肉质肥厚，汁液较多，味道甜或微甜酸，可食用。

◎ 功效主治：果实入药，具有活血祛淤、润肠通便、止咳平喘、养阴生津的功效，主治夏日口渴、血淤经痛、腹痛、肠痈、跌打肿痛、肠燥便秘、气逆咳喘、疝气疼痛、遗精、自汗、盗汗等症。

◎ 习性：喜温暖、湿润且阳光充足的环境，不耐阴，不耐水涝，但耐寒，耐旱，适宜疏松肥沃，排水良好的土壤，但不适宜碱性土壤和黏土。

◎ 分布：全国各地均有。

◎ 饮食宜忌：内热偏盛、易生疮疖或肠胃不适者忌食，婴儿或多病体虚的人最好不要吃。生桃不能多吃，多食易使人腹胀并生痈疖。

叶卵状披针形或圆状披针形，边缘具有细密锯齿

花单生，花瓣粉红色，倒卵形或矩圆状卵形

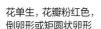

果球形或卵形，表面有短毛

食用部位：果实　食法：果实可直接食用，也可制作成果酒、果脯、果汁、果醋或罐头等

别名：黄酸刺、达日布
性味：性温，味酸、涩　　繁殖方式：播种、扦插、压条

沙棘

落叶灌木或乔木，株高 1~2 米。茎枝粗壮，上面有较多的棘刺。单叶近对生，叶片呈狭披针形或矩圆状披针形，茎上部叶为绿色，上被白色盾形毛或星状柔毛，茎下部叶为银白色或淡白色，上被鳞片。橙黄色或橘红色果实呈圆球形。

◎ 功效主治：果实入药，具有祛痰、止咳、平喘、降低胆固醇、缓解心绞痛的作用，还能防治冠状动脉粥样硬化性心脏病和辅助治疗慢性气管炎。

◎ 习性：中肥、中湿型、耐寒冷的植物，喜光照。

◎ 分布：山西、陕西、内蒙古、河北、甘肃、宁夏、辽宁、青海、四川、云南、贵州、新疆、西藏等地。

◎ 饮食宜忌：一般人群皆可食用，尤适宜胃炎、心脏病、心绞痛或咳嗽痰多患者。孕妇慎食。

嫩枝褐绿色，老枝灰黑色

果实圆球形，橙黄色或橘红色

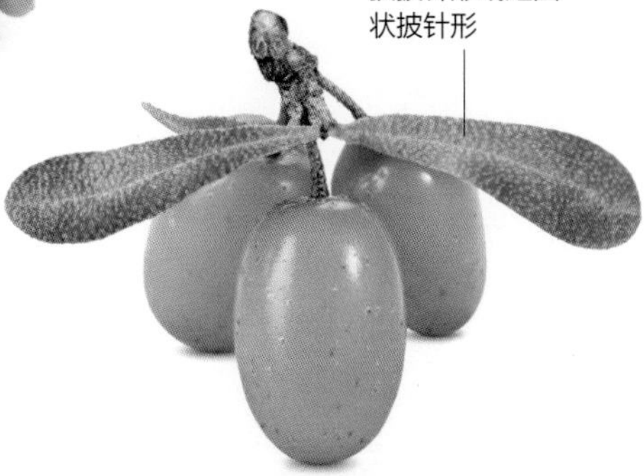

单叶对生，纸质，狭披针形或矩圆状披针形

食用部位：果实 | 食法：沙棘果一般可用来制作果酱、果汁和果醋

别名：楮、楮桑、谷桑、斑谷

性味：性寒，味甘　**繁殖方式**：分株、播种

构树

　　乔木。树干的外皮为暗灰色，分枝上则生有浓密的柔毛。叶片呈广卵形至长椭圆状卵形，叶端渐尖，叶基呈心形，叶缘有粗锯齿，整个叶片呈螺旋状排列。果实为聚花果，成熟的果实为橙红色，壳质外表皮　上有小瘤。

○ **功效主治**：果实、嫩叶入药，具有补肾强筋、清热凉血、利尿消肿的功效，常用来缓解腰膝酸软、肾虚目昏、阳痿、肠炎、痢疾、神经性皮炎等症。

○ **习性**：强阳性树种，适应性特强，抗逆性强。

○ **分布**：黄河流域、长江流域和珠江流域。

○ **饮食宜忌**：一般人群皆可食用，尤适宜肠炎痢疾、水肿患者或肾虚目昏者。

聚花果成熟时橙红色

果表面有小瘤

叶螺旋状排列，广卵形至长椭圆状卵形，先端渐尖，基部心形，边缘有粗锯齿

食用部位：果实 | **食法**：构树果酸甜，洗净后可直接食用，也可制成果酒或果脯等

别名：吉祥果、救兵粮、救命粮
性味：性平，味甘、酸　繁殖方式：播种、扦插、压条

火棘

落叶灌木或乔木，株高1~3米。茎顶或茎侧生有许多棘刺。枝茎上的短柔毛逐渐脱落，老枝则呈暗褐色。叶片绿色，呈倒卵形或倒卵状长圆形，叶缘有向内弯的钝锯齿，叶面、叶背皆无毛。橘红色或深红色的果实呈圆球形。

⊙功效主治：果、根、叶入药，果实有消积止痢、活血止血的功效；根能清热凉血；叶可清热解毒，外敷可治疮疡肿毒。

⊙习性：喜阳光充足的环境，可接受阳光下直射，耐旱，耐贫瘠，但不耐寒，此外，对土壤也没有特殊要求，尤喜疏松肥沃、排水良好的中性或微酸性土壤。

⊙分布：陕西、江苏、浙江、福建、湖北、湖南、广西、四川、云南、贵州等地。

⊙饮食宜忌：一般人群皆可食用，尤适宜月经不调、吐血便血、肠炎痢疾、产后腹痛、小儿疳积或白带异常患者。

果实圆球形，橘红色或深红色

嫩枝外披短柔毛，老枝暗褐色

叶片倒卵形或倒卵状长圆形，边缘有钝锯齿

食用部位：果实　食法：果实洗净后可直接食用，也可加工成果汁、果酒、果酱或罐头等

别名：桑葚子、桑实、白桑
性味：性凉，味甘、酸　　繁殖方式：压条、播种、嫁接

桑

　　落叶灌木或小乔木。树干的外皮为灰白色，上面有条状浅裂。单叶互生，叶片呈卵形或宽卵形，叶缘有粗锯齿或圆齿，叶面有时也会有不规则分裂。果实为聚花果，呈长圆形，为黄棕色、棕红色至暗紫色，味道微酸而甜，可食用。

◯ **功效主治**：果实、嫩叶入药，具有补血滋阴、生津止渴、润肠祛燥等功效，可提高人体免疫力，常用于治疗阴血不足而致的头晕目眩、耳鸣心悸、烦躁失眠、腰膝酸软、大便干结等症。

◯ **习性**：喜光，对气候、土壤适应性都很强，耐寒，耐旱，不耐水湿。

◯ **分布**：全国各地均有分布。

◯ **饮食宜忌**：一般人群皆可食用，尤适宜头晕目眩、耳鸣心悸、烦躁失眠、腰膝酸软患者。体虚便溏者不宜食用，儿童不宜大量食用。

叶柄长 1.5~5.5 厘米，具柔毛

叶片卵形或宽卵形，边缘有粗锯齿

聚花果卵状椭圆形，成熟时红色或暗紫色

食用部位：果、叶、树皮　食法：果实可直接食用，叶焯熟后凉拌，树皮炒干后磨面食用

无花果

　　落叶灌木，直立生长。树干的外皮为灰褐色，分枝也较粗壮。叶 3~5 回分裂，小叶片互生，呈广卵圆形或卵形，叶缘有不规则钝齿，叶面较粗糙。果实似梨形，生于叶腋，果实顶端微下陷，成熟的果实为紫红色或黄色。

❍ 功效主治：果实、根、叶入药，具有消肿解毒、润肺止咳、健胃清肠的功效，常用于改善食欲减退、腹泻、乳汁不足、便秘、痔疮等症。

❍ 习性：喜温暖、湿润且阳光充足的环境，耐旱，但不耐寒，不耐水涝。

❍ 分布：长江流域和华北沿海地区。

❍ 饮食宜忌：脂肪肝患者、脑血管意外患者、腹泻者或正常血钾性周期性麻痹患者不适宜食用；大便稀溏者不宜生食。

小枝直立，粗壮

叶互生，厚纸质，广卵圆形

果单生叶腋，大似梨形，成熟时紫红色或黄色

食用部位：果实 ｜ 食法：成熟果实可鲜食或烹饪煮食、煎汤，或加工成制品

褐梨

　　乔木，株高 1~3 米。叶片呈卵状椭圆形至长卵形，叶缘有尖锐的锯齿。伞状花序，开5~8 朵的白色小花，花瓣呈卵形。褐色的果实呈球形或卵形，果实表面还有斑点。

○ **功效主治**：果实入药，具有清热生津、润燥化痰、消食止痢的功效，梨籽还含有木质素，能在肠子中溶解，可治便秘。

○ **习性**：喜温暖且阳光充足的环境，耐寒，耐旱，耐贫瘠，耐水涝，适宜中性土和盐碱土。

○ **分布**：河北、山西、陕西、甘肃等地。

○ **饮食宜忌**：慢性肠炎、胃寒病或糖尿病患者忌食生梨。

叶片椭圆卵形至长卵形，边缘有尖锐锯齿

果实球形或卵形，褐色，有斑点

伞形总状花序，花瓣卵形，白色

食用部位：果实　**食法**：成熟后生食，也可制成罐头。褐梨汁能润肺止咳

文冠果

　　落叶灌木或小乔木，株高 2~4 米。红褐色的枝茎较粗壮。叶为复叶，有 4~8 对小叶，叶片呈披针形或近卵形，绿色。蒴果近球形或呈阔椭圆形。

○ **功效主治**：果实、嫩叶入药，具有帮助消化、祛风除湿、消肿止痛的功效，适宜夏日食用。

○ **习性**：喜阳，耐半阴，对土壤适应性很强，耐瘠薄、耐盐碱。

○ **分布**：北部和东北部，西至宁夏、甘肃，东北至辽宁，北至内蒙古，南至河南。

○ **饮食宜忌**：适宜风湿热痹、筋骨疼痛者食用。

小枝粗壮，褐红色

小叶 4~8 对，膜质或纸质

蒴果近球形或阔椭圆形，有三棱角

食用部位：花、叶、果实　**食法**：花、叶焯熟后可凉拌，果实可与蜂蜜一起腌藏，制成蜜饯

番木瓜

常绿软木质小乔木，株高 8~10 米。茎枝的汁液丰富。叶为 5~9 回深裂，为近似盾形大叶片，主要集中于茎顶。成熟的浆果为橙黄色或黄色，呈梨形或近圆球形，肉质柔软，汁液丰富，味道香甜，可食用。种子呈卵球形，成熟的种子为黑色。

◎ 功效主治：果实入药，具有健胃消食、滋补催乳、舒筋通络的功效，其果肉中含有番木瓜碱，能缓解痉挛疼痛。

◎ 习性：喜温暖、湿润的环境，尤喜高温，但不耐寒冻，不耐水涝，也忌大风。

◎ 分布：广东、海南、广西、云南、福建、台湾等地。

◎ 饮食宜忌：适宜慢性萎缩性胃炎患者、奶水不足的产妇、风湿筋骨痛者、跌打扭挫伤患者、消化不良者或肥胖症患者。

浆果成熟时橙黄色或黄色，梨形或近圆球形

种子多数，卵球形，成熟时黑色

叶大，聚生于茎顶端，近盾形，5~9 回深裂

食用部位：果实　食法：可直接鲜食，也可制成果酱、蜜饯或果汁等

拐枣

落叶乔木，株高 3~5 米。果实红褐色或灰褐色，近球形，直径约 7 毫米，表面光滑无毛，肉质的果柄呈扭曲状，由于其形似"卍"字而又被称为万寿果。

嫩枝初有短柔毛，后脱落

果柄肉质，扭曲，红褐色

果实近球形，无毛，灰褐色

○ 功效主治：果实入药，具有健脾和胃、润肠利尿、活血散淤、祛湿平喘的功效，常用于缓解热病消渴、醉酒、呕吐、烦渴、发热等症。

○ 习性：喜阳光充足的环境，适应能力较强，耐寒，耐旱，耐瘠薄。

○ 分布：陕西、江西、安徽、浙江、福建、湖北、湖南、广西、四川、贵州等地。

○ 饮食宜忌：适宜小儿疳积或风湿病患者。

食用部位：果梗　食法：可直接鲜食，也可用来制作酒、醋、糖等

君迁子

落叶乔木。叶片呈椭圆形至长圆形，叶面生有浓密的柔毛，但会逐渐脱落，叶背为灰色或苍白色，叶背的叶脉周围则长有柔毛。开淡黄色或淡红色花。果实近球形，外表皮上有白蜡层，成熟后的果实为蓝黑色。

叶椭圆形至长圆形，表面密生柔毛后脱落

果实近球形，熟时蓝黑色，有白蜡层

○ 功效主治：果实、种子入药，具有滋补肝肾、润燥生津、延缓衰老、增强机体活力、美容养颜的功效。

○ 习性：喜光，耐半阴，耐寒及耐旱。

○ 分布：太行山脉，河北、山西、山东、陕西、辽宁、中南及西南各地。

○ 饮食宜忌：君迁子性寒，脾胃功能不佳者不可多吃。过多食用枣会引起胃酸过多和腹胀。

食用部位：果实、种子　食法：果实去除涩味后可以直接食用，也可酿酒、制酱油或果酱等

别名：银芽柳、棉花柳

性味：性平，味甘、酸、涩　　繁殖方式：播种、扦插、压条

沙枣

　　落叶乔木或小乔木。茎部一般没有刺，但有时也有刺。叶片呈矩圆状披针形至线状披针形。开银白色花。果实呈椭圆形，外果皮为粉红色，并且被有浓密的银白色鳞片，果肉则为乳白色，并带有粉质。

叶薄纸质，矩圆状披针形至线状披针形

⊙ 功效主治：果实入药，具有清热凉血、固精健胃、止泻调经的功效，常用于缓解胃痛、腹泻、身体虚弱、肺热咳嗽等症。

⊙ 习性：抗旱，抗风沙，耐盐碱。

⊙ 分布：西北各省区和内蒙古西部。

⊙ 饮食宜忌：一般人群皆可食用，尤适宜胃痛、腹泻、肺热咳嗽、气管炎或肠炎患者。

果实椭圆形，粉红色

食用部位：果实 | **食法：果实洗净可直接食用，也可以酿酒、制酱油、果酱、制醋等**

别名：桂圆、亚荔枝、燕卵　　性味：性平，味甘、淡　　繁殖方式：播种

龙眼

　　常绿乔木。叶为小叶，有4~5对小叶，叶片呈长圆状椭圆形至长圆状披针形，叶面为深绿色，叶背为粉绿色，叶面、叶背皆无毛。开乳白色花，花瓣呈披针形。果实近球形，外表皮呈黄褐色或灰黄色，并稍显粗糙，有时上面还有小瘤体。

小叶4~5对，薄革质，长圆状椭圆形至长圆状披针形

⊙ 功效主治：果实入药，具有清热解毒、补益心脾、健胃生肌的功效，常用于治疗思虑伤脾、失眠、心悸怔忡、产后体虚等症。

⊙ 习性：喜高温、干燥且阳光充足的环境，不宜遮阴。

⊙ 分布：福建、台湾、广东、广西、云贵等地。

⊙ 饮食宜忌：内有痰火或湿滞停饮者忌服，孕妇忌食。

果近球形，黄褐色或有时灰黄色，表皮稍粗糙

食用部位：果实 | **食法：果实成熟后可直接食用，果肉鲜嫩多汁，也可晒成干果**

索引

白兰花

夹竹桃

茉莉

蜀葵

月季